化学の要点
シリーズ
5

電子移動

日本化学会 [編]
伊藤 攻 [著]

共立出版

『化学の要点シリーズ』編集委員会

編集委員長	井上晴夫	首都大学東京 戦略研究センター 教授
編集委員 (50音順)	池田富樹	中央大学 研究開発機構 教授
	岩澤康裕	電気通信大学 燃料電池イノベーション研究センター長・特任教授
	上村大輔	神奈川大学 理学部化学科 教授
	佐々木政子	東海大学 名誉教授
本書担当編集委員	井上晴夫	首都大学東京 戦略研究センター 教授
	水野一彦	奈良先端科学技術大学院大学 物質創成科学研究科 客員教授

『化学の要点シリーズ』
発刊に際して

　現在，我が国の大学教育は大きな節目を迎えている．近年の少子化傾向，大学進学率の上昇と連動して，各大学で学生の学力スペクトルが以前に比較して，大きく拡大していることが実感されている．これまでの「化学を専門とする学部学生」を対象にした大学教育の実態も大きく変貌しつつある．自主的な勉学を前提とし「背中を見せる」教育のみに依拠する時代は終焉しつつある．一方で，インターネット等の情報検索手段の普及により，比較的安易に学修すべき内容の一部を入手することが可能でありながらも，その実態は断片的，表層的な理解にとどまってしまい，本人の資質を十分に開花させるきっかけにはなりにくい事例が多くみられる．このような状況で，「適切な教科書」，適切な内容と適切な分量の「読み通せる教科書」が実は渇望されている．学修の志を立て，学問体系のひとつひとつを反芻しながら咀嚼し学術の基礎体力を形成する過程で，教科書の果たす役割はきわめて大きい．

　例えば，それまでは部分的に理解が困難であった概念なども適切な教科書に出会うことによって，目から鱗が落ちるがごとく，急速に全体像を把握することが可能になることが多い．化学教科の中にあるそのような，多くの「要点」を発見，理解することを目的とするのが，本シリーズである．大学教育の現状を踏まえて，「化学を将来専門とする学部学生」を対象に学部教育と大学院教育の連結を踏まえ，徹底的な基礎概念の修得を目指した新しい『化学の要点シリーズ』を刊行する．なお，ここで言う「要点」とは，化学の中で最も重要な概念を指すというよりも，上述のような学修する際の「要点」を意味している．

本シリーズの特徴を下記に示す．

1) 科目ごとに，修得のポイントとなる重要な項目・概念などをわかりやすく記述する．
2)「要点」を網羅するのではなく，理解に焦点を当てた記述をする．
3)「内容は高く」，「表現はできるだけやさしく」をモットーとする．
4) 高校で必ずしも数式の取り扱いが得意ではなかった学生にも，基本概念の修得が可能となるよう，数式をできるだけ使用せずに解説する．
5) 理解を補う「専門用語，具体例，関連する最先端の研究事例」などをコラムで解説し，第一線の研究者群が執筆にあたる．
6) 視覚的に理解しやすい図，イラストなどをなるべく多く挿入する．

本シリーズが，読者にとって有意義な教科書となることを期待している．

『化学の要点シリーズ』編集委員会
井上晴夫　池田富樹　岩澤康裕　上村大輔　佐々木政子

まえがき

　電子移動は化学反応としては最も小さい単位粒子である電子が，ある分子（ここで原子やイオンを含め，代表として分子とする）から他の分子へ移動する過程であるが，この電子移動過程が多くの物質変換の基礎であり，自然界および科学・技術の多方面で重要な役割を果たしている．電子移動は化学反応の基本となるものであり，電子移動反応の理論が化学反応論の基礎となっている．電子移動反応においてはその素過程の反応速度をかなりの精度で測定する方法が確立しているので，理論的に提案された化学反応論を検証しながら進めることができる研究分野でもある．

　本書では電子移動過程が実験的にも理論的にも取り扱いやすい溶液中の均一系の電子移動過程を主として取り扱うが，固液界面などへも容易に応用することができる．ある分子の組合せでは，混合しただけで電子移動を起こすことができる．この場合，高速電子移動反応を追跡することは困難であるが，化学反応論の基本である平衡と速度の知識が得られる．混合しただけでは電子移動が起き難い分子の組合せの場合は，外部から電子を注入したり取り出したりしてラジカルアニオンやラジカルカチオンとし，それらから電子や空孔を別の分子などへ移動させる反応（電子シフト反応や空孔（ホール）シフト反応ともよぶ）を開始させることもできる．さらに，次々と電子が移る電子伝達反応も起こる．混合しただけでは電子移動が起きない場合でも，光によって一方の分子を励起すると電子移動をひき起こすことが多い．しかも電子移動後の結合開裂や結合組換えを起こす化学変化は光合成の基礎としても重要である．また，新しい太陽電池を設計して，光エネルギーによって電子を外部へ取

り出すことも電子移動の重要な課題になっている.

本書では,溶液中の電子移動理論において重要なMarcus（マーカス）理論をできるだけ平易に記述したが,この理論を検証するためにはその適用範囲を見極めることが重要であるとともに,電子移動反応速度の測定を理想的な条件で広範囲に行うことが要求される.今ではそのような例が多数報告されるようになってきたが,さらに多くの課題が残されている.

電子移動をひき起こす連結分子の設計も急速に進展し,長距離の電子移動を可能にする連結分子の研究も増えてきているのでいくつかの例を紹介する.さらに,ひとつの分子系に光を吸収させて励起状態にすると,電子を供与する部分と連結した別の分子系がその電子を受け取って,長寿命の電荷分離状態が出来上がる,いわゆる,人工光合成モデルの研究も紹介する.

読者がこの本によって電子移動の基礎を学び,さらに専門的な分野に踏み出すステップに利用してくれることを期待している.

おわりにあたり,担当編集委員,編集者の多くの助言に謝意を表する.

2013年1月

伊 藤 攻

目　　次

第 1 章　電子移動の基本事項 ……………………………1

1.1　電子移動の分子軌道表現 ……………………………………1
1.2　電子移動のポテンシャル曲線図 ……………………………5
1.3　反応速度と平衡濃度 …………………………………………12
1.4　電子移動とラジカルイオンの確認 …………………………16
1.5　平衡反応の確認 ………………………………………………19
1.6　電子移動の後続反応 …………………………………………22
1.7　その他の電子移動 ……………………………………………27
1.8　ラジカルイオンの一方だけを生成する方法 ………………29
1.9　まとめ …………………………………………………………34

第 2 章　電子移動の基礎理論 ……………………………**37**

2.1　電子移動（シフト）反応における Marcus 理論 ……………37
2.2　連結分子内の電子シフト反応 ………………………………43
2.3　溶液中の分子間ホールシフト反応 …………………………46
2.4　溶液中の電子移動反応（$D+A \rightleftarrows D^{\bullet +}+A^{\bullet -}$）の Marcus 理論
　　　……………………………………………………………48
2.5　再配向エネルギーの推算法 …………………………………50
2.6　溶液中の金属イオンおよび電極反応 ………………………51
2.7　まとめ …………………………………………………………54

第3章　光誘起電子移動 …………………………………… **57**

3.1　電子供与体と電子受容体の混合系 …………………………57
3.1.1　分子軌道による表現 …………………………………57
3.1.2　ポテンシャル曲線による表現 ………………………60
3.1.3　励起状態のスピン多重度と電子移動経路 …………62
3.1.4　逆電子移動 ……………………………………………69
3.1.5　光誘起電子移動の測定法 ……………………………71
3.2　後続電子伝達系への応用 ……………………………………81
3.3　後続化学反応への応用 ………………………………………84
3.4　励起エネルギー移動 …………………………………………86
3.5　連結系分子の電子移動 ………………………………………91
3.5.1　D-sp-A 分子内の光誘起電荷分離 ……………………91
3.5.2　D-sp-A 分子内の電荷移動相互作用 …………………92
3.5.3　D-sp-A 分子内の光誘起電荷分離の分子軌道表現 …94
3.5.4　D-sp-A 分子内の電荷再結合の分子軌道表現 ………95
3.5.5　短い連結鎖分子の光誘起電荷分離過程 ……………97
3.5.6　長い連結分子鎖の電子伝達能 ………………………100
3.6　空間経由の電子移動 …………………………………………104
3.7　三元系分子の電子移動 ………………………………………107
3.8　光増感剤を含む多元系分子の電子移動 ……………………108
3.9　まとめ …………………………………………………………110

第4章　展望と課題 ………………………………………… **115**

問題の解答案 ………………………………………………… **117**

参考文献 ………………………………119

索　引 ………………………………121

コラム目次

1. 分子軌道 …………………………………………………… 2
2. 分子間の電荷移動と電子移動 ……………………………… 6
3. 電子移動と電気化学 ………………………………………… 8
4. 直線自由エネルギー関係 …………………………………… 16
5. 有機超伝導体と電子移動 …………………………………… 20
6. ニューカーボンと電子移動 ………………………………… 22
7. 時間分解分光測定と電子移動 ……………………………… 24
8. スピン多重度 ………………………………………………… 32
9. 断熱的および非断熱的相互作用 …………………………… 40
10. 電子移動とトンネル効果 …………………………………… 46
11. 金属錯イオンの電子状態 …………………………………… 52
12. 溶液中の光誘起分子間電子移動 …………………………… 66
13. 光合成と電子移動 …………………………………………… 73
14. 太陽光による水素発生と電子移動 ………………………… 83
15. 金属錯イオンの光誘起電子移動 …………………………… 84
16. 太陽電池と電子移動 …………………………………………111

第1章

電子移動の基本事項

1.1 電子移動の分子軌道表現

中性閉殻構造をもつ電子供与性分子（electron donor, 略してDで表す）と電子受容性分子（electron acceptor, 略してAで表す）を混合すると，DからAへ電子移動が起こり，Dのラジカルカチオン（$D^{•+}$）とAのラジカルアニオン（$A^{•-}$）となる．この電子移動の様子は平衡反応として（1.1）式のように示すことができる．

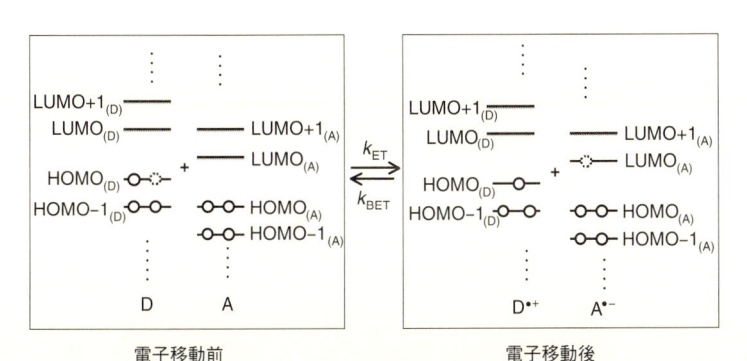

図1.1 中性分子のDとA間の電子移動の分子軌道表現
◌は移動電子．DのHOMO$_{(D)}$が1電子だけ空になった状態がラジカルカチオン（$D^{•+}$）で，AのLUMO$_{(A)}$が1電子だけ占有された状態がラジカルアニオン（$A^{•-}$）となる．分子軌道に関してはコラム1参照．k_{ET}：電子移動（electron transfer：ET）の速度定数，k_{BET}：逆電子移動（back electron transfer：BET）の速度定数．

$$\text{D} + \text{A} \underset{k_{\text{BET}}}{\overset{k_{\text{ET}}}{\rightleftarrows}} \text{D}^{\bullet+} + \text{A}^{\bullet-} \tag{1.1}$$

これら分子の電子移動を対象とした場合，分子軌道法（molecular orbital：MO）による説明が必要である [1]．図1.1に示すように，電子移動する前のDとAの分子軌道を，エネルギーの低い軌道より順に電子が2個ずつ占有している．Dが電子供与性ということはその最高被占軌道（highest occupied molecular orbital：$\text{HOMO}_{(D)}$）のエネルギー準位が比較的高いことであり，Aが電子受容性ということはその最低空軌道（lowest unoccupied molecular orbital：$\text{LUMO}_{(A)}$）のエネルギーレベルが比較的低いことになる．D

コラム1

分子軌道

右図は cis-ブタジエンの分子軌道を構成する $2p_z$ 原子軌道の線形結合を示している．図の中央の灰色（＋）と白抜き（－）は $2p_z$ 原子軌道の符号を表している．隣り合った（＋）どうしと（－）どうしでπ結合が形成される．下から2番目が最高被占軌道（HOMO）でπ結合が2組形成し，その下がHOMO－1，上から2番目が最低空軌道（LUMO）で中央にπ結合が1組形成し，その上がLUMO＋1である．左側のエネルギー図で，矢印は電子スピンの向きを示し，反平行スピンは一重項状態に相当する．図の右側はπ分子軌道で，HOMO－1では結合性π軌道が分子全体に非局在し，HOMOでは結合性のπ分子軌道が2組，LUMOでは結合性のπ分子軌道が1組と孤立した軌道が2個，LUMO＋1ではすべてが孤立した軌道になっている（黒塗りが（＋）符号に，薄色が（－）符号に対応する）．本書では分子軌道の基礎知識を前提にして電子移動の説明を進める．

に電子供与性基を置換するとさらにHOMO$_{(D)}$が上昇し，Aに電子求引性基を置換するとさらにLUMO$_{(A)}$が下降する．DにAが接近してHOMO$_{(D)}$の電子1個がLUMO$_{(A)}$へ移動すると，HOMO$_{(D)}$は半占軌道のD$^{•+}$となりLUMO$_{(A)}$は半占軌道のA$^{•-}$となって，電子移動が起きたことになる（図1.1）．

HOMO$_{(D)}$のエネルギー準位がLUMO$_{(A)}$より低いと，何らかの条件が揃わないと逆電子移動が起こって，もとの中性分子に戻ってしまうことを示唆しているので，(1.1)式は平衡反応として表記されている．この逆電子移動は反対符号の電荷をもつD$^{•+}$とA$^{•-}$の反応になるので，その静電引力によって，その速度定数（k_{BET}）は大きく

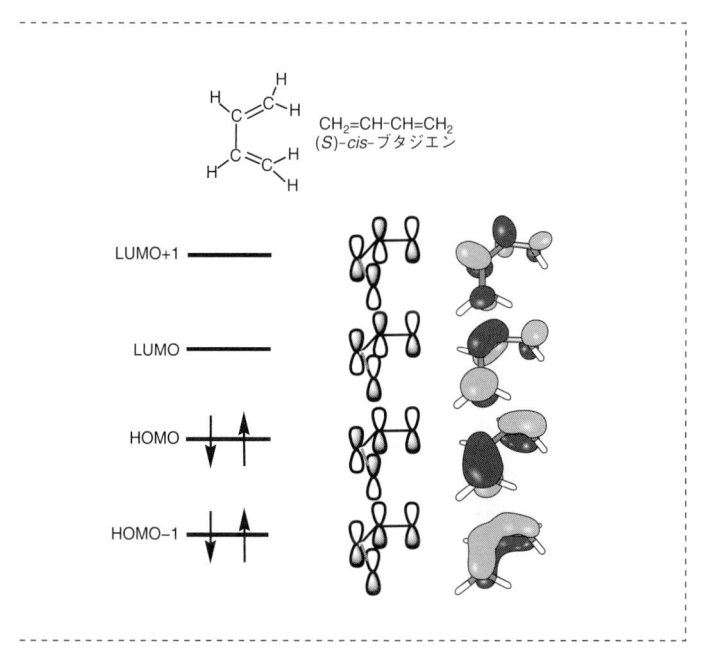

なる.

電子移動反応（1.1）式の効率や速度は標準生成自由エネルギー変化（$\Delta G°_{ET}$）から予測することができる. $\Delta G°_{ET}$ は D の HOMO エネルギー（$E_{HOMO(D)}$）と A の LUMO エネルギー（$E_{LUMO(A)}$）の差に相当するが, Koopman（クープマン）の定理によればそれぞれ D のイオン化エネルギー（$IE_{(D)}$）と A の電子親和力（$EA_{(A)}$）の気相中の基礎的パラメータに対応する（図1.2）. したがって, $\Delta G°_{ET}$ を推算する（1.2）式が導かれ, $IE_{(D)}$ が小さく $EA_{(A)}$ が大きいほど $\Delta G°_{ET}$ が負の値になり, 電子移動が起こりやすい傾向になる [2].

（気相中）　$\Delta G°_{ET} = IE_{(D)} - EA_{(A)}$　　　　　(1.2)

一般に, 気体中の IE や EA は電子のエネルギー単位として取り扱いやすい eV で与えられている場合が多いので, $\Delta G°_{ET}$ も eV 単位を使うことが多い（1 eV＝96.49 kJ mol^{-1}＝23.06 kcal mol^{-1} の関係で換算できる）. 電子供与性の高い有機分子の $IE_{(D)}$ は 6〜7 eV 程

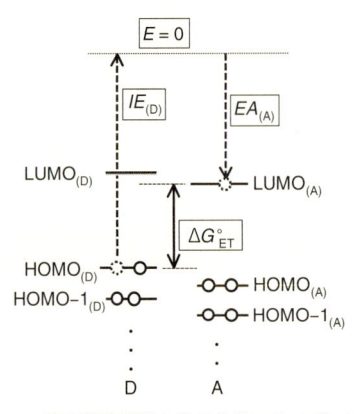

図1.2　電子移動過程の分子軌道エネルギー変化
$IE_{(D)}$：D のイオン化エネルギー, $EA_{(A)}$：A の電子親和力.

度であり，電子受容性の高い有機分子の$EA_{(A)}$は2 eV程度である．(1.2) 式から計算すると，$\Delta G°_{ET}$は正の値にとどまるため，気相中では電子移動反応 (1.1) 式の平衡は左に偏り，電子移動は起こり難いことになる．実際に気相での電子移動を確認した例は少ない．しかし，多数の有機化合物の$IE_{(D)}$と$EA_{(A)}$の正確な値が報告されているので，(1.2) 式で計算される$\Delta G°_{ET}$値は極性溶媒中での電子移動の起こりやすさの目安としても重要な指標になる．

極性の小さい溶媒中の$\Delta G°_{ET}$は気相中の値に近いので電子移動が起こり難いことを示唆している．このような場合には，部分的に電子が移動した電荷移動錯体が生成される（電荷移動錯体はCT錯体またはEDA錯体とよばれ，コラム2に詳述する）．

一方，電気化学的手法による酸化電位（E_{OX}）と還元電位（E_{RED}）は極性溶媒中で溶媒和した（$D^{•+}$）$_{solv}$と（$A^{•-}$）$_{solv}$を生成する電極反応であるので，極性溶媒中の電子移動反応の評価には最適である（ここで，solvは溶媒和（solvation）の略である）．このような溶媒和を含む自由エネルギー変化（$\Delta G°_{ET}$）の値は (1.3) 式によって与えられる [3]．

$$（溶液中）\quad \Delta G°_{ET} = e(E_{OX(D)} - E_{RED(A)}) \tag{1.3}$$

$E_{OX(D)}$と$E_{RED(A)}$は電位（V）に電子の電荷（e）を掛けて，容易にエネルギー単位 eV に換算できる（電気化学についてはコラム3を参照）．

1.2 電子移動のポテンシャル曲線図

電子移動過程は分子軌道によって直観的に理解できるが，さらにDからAへの電子移動によって生成した$D^{•+}$と$A^{•-}$が溶媒和されて

安定化し，電子移動が促進される様子を分子軌道のエネルギー図で表現するのは難しい．全体のエネルギーを問題とするには，反応のポテンシャルエネルギー曲線による表現が適している．

電子移動によって，ラジカルイオン対（D•+, A•−）が生成し（反応（1.4a）式），分子軌道の表現（図1.1）でHOMO(D)の電子がよりエネルギーレベルの高いLUMO(A)へ移る過程（$\Delta G°_{ET}>0$）に対応するように，図1.3ではラジカルイオン対（D•+, A•−）生成系のポテンシャルエネルギー曲線の極小が原系よりも上に位置するように示した．

コラム2

分子間の電荷移動と電子移動

電荷移動（CT）錯体（D$^{\delta+}$⋯A$^{\delta-}$）は原子価理論では弱い相互作用（D⋯A）と電荷供与構造（D$^+$→A$^-$）の共鳴構造として表現できる．（D$^+$→A$^-$）の寄与であるaが1に近づくと電子1個が完全に移動するラジカルイオン対（D•+, A•−）に移行する．電荷移動の安定化エネルギー（$\Delta G°_{CT}$）は（$IE_{(D)}-EA_{(A)}$）に比例し，電子移動の$\Delta G°_{ET}$にaを掛けた値で近似できる．分子軌道では$\phi_{HOMO(D)}$と$\phi_{LUMO(A)}$が重なり合い，HOMO(D)の電子が部分的にLUMO(A)へ移動したCT錯体の波動関数Ψ_{CT}は$a\phi_{HOMO(D)}+b\phi_{LUMO(A)}$で表せ，$b$項の寄与が増えるほど，強い錯体となる．電荷移動錯体ではDとAの吸収帯より長波長に弱い電荷移動吸収帯（$h\nu_{CT}$）が出現することが特徴で，主にHOMO(D)からLUMO(A)への電子遷移に相当する（hはプランク定数，νは光の振動数で，$h\nu$は光のエネルギーを表す）．

厳密には（D$^+$→A$^-$）の寄与であるa（あるいは，b）が1に近づいてもD−A間に軌道の重なりがあるときにはCT錯体であるが，溶媒和などで軌道の重なりが消滅するとラジカルイオン対（D•+, A•−）となる．（D•+, A•−）では電

1.2 電子移動のポテンシャル曲線図   7

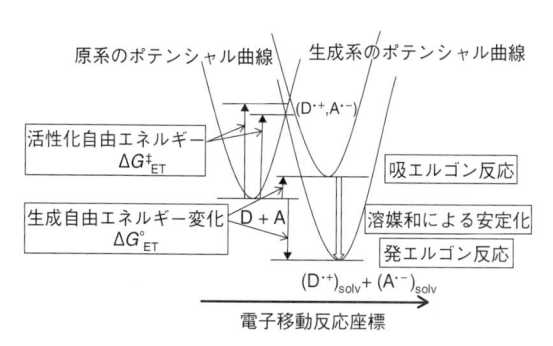

図1.3 放物線形のポテンシャル曲線による電子移動過程と溶媒和過程
↓$\Delta G°_{ET} < 0$, ↑$\Delta G°_{ET} > 0$.

子スピン共鳴シグナルは観測されるが, CT錯体では観測されないことが多い. 極低温で超伝導性を示す (TTF$^{•+}$, TCNQ$^{•-}$) 結晶はラジカルイオン塩であるが, 電荷移動錯体結晶ともよばれている.

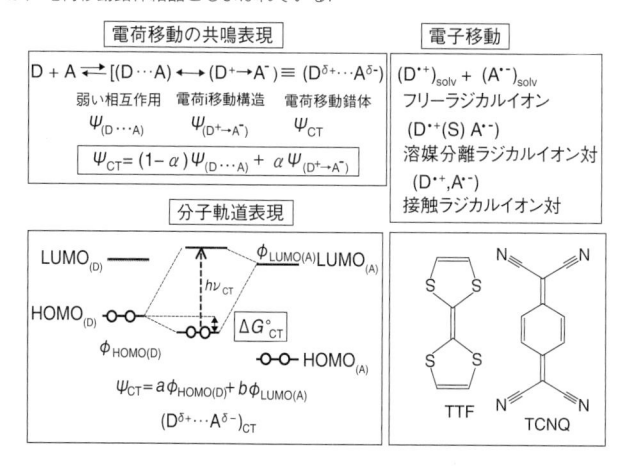

電荷移動の共鳴表現

$$D + A \rightleftarrows [(D \cdots A) \longleftrightarrow (D^+ \to A^-)] \equiv (D^{\delta+} \cdots A^{\delta-})$$

弱い相互作用　電荷移動構造　電荷移動錯体
$\Psi_{(D \cdots A)}$ 　　 $\Psi_{(D^+ \to A^-)}$ 　　 Ψ_{CT}

$$\Psi_{CT} = (1-\alpha)\Psi_{(D \cdots A)} + \alpha\Psi_{(D^+ \to A^-)}$$

電子移動

$(D^{•+})_{solv} + (A^{•-})_{solv}$
フリーラジカルイオン
$(D^{•+}(S) A^{•-})$
溶媒分離ラジカルイオン対
$(D^{•+}, A^{•-})$
接触ラジカルイオン対

分子軌道表現

LUMO$_{(D)}$ ── 　　$\phi_{LUMO(A)}$ LUMO$_{(A)}$
　　　　　　　　↑$h\nu_{CT}$
HOMO$_{(D)}$ ─○○─ 　 ─○○─ 　$\Delta G°_{CT}$
$\phi_{HOMO(D)}$ 　　 ─○○─ HOMO$_{(A)}$

$\Psi_{CT} = a\phi_{HOMO(D)} + b\phi_{LUMO(A)}$
$(D^{\delta+} \cdots A^{\delta-})_{CT}$

TTF

TCNQ

$$D + A \underset{k_{BET}^{1st}}{\overset{k_{ET}}{\rightleftarrows}} (D^{•+}, A^{•-}) \qquad (1.4a)$$
$$(ラジカルイオン対)$$

$$D + A \underset{k_{BET}^{2nd}}{\overset{k_{ET}}{\rightleftarrows}} (D^{•+})_{solv} + (A^{•-})_{solv} \qquad (1.4b)$$
$$(フリーラジカルイオン)$$

$$D + A \underset{k_{BET}^{1st}}{\overset{k_{ET}}{\rightleftarrows}} (D^{•+}, A^{•-}) \xrightarrow{k_{solv}} (D^{•+})_{solv} + (A^{•-})_{solv} \qquad (1.4c)$$

一方,溶媒和されたフリーラジカルイオン $((D^{•+})_{solv}$ と

コラム 3

電子移動と電気化学

電極反応は固液界面の電子移動であるので,電気化学については電子移動化学の視点から多くの解説書や研究書が出版されている.電子移動反応における自由エネルギー変化($-\Delta G°_{ET}$)は反応の駆動力として重要な量であるが,電子移動反応と同じ性質の溶媒中において電気化学的方法で計測された酸化・還元電位から計算される値は最も信頼性が高い.文献で報告されている電位は参照電極によって異なるので,以下の図で換算する必要がある.NHE:標準水素電極,SCE:飽和カロメル電極,Fc/Fc$^+$:フェロセン/フェロセンカチオンである [3].

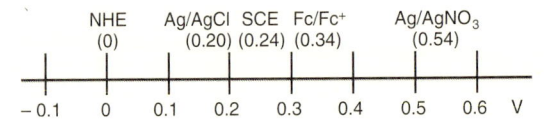

```
        NHE      Ag/AgCl  SCE  Fc/Fc⁺        Ag/AgNO₃
        (0)      (0.20) (0.24)(0.34)          (0.54)
  |──────|──────|──────|──────|──────|──────|──────|
 -0.1    0     0.1    0.2    0.3    0.4    0.5    0.6   V
```

電解質存在下の電極反応ではラジカルカチオンかラジカルアニオンの一方だけを選択的に作製することができるので,両方が共存する混合法や光照射法の電子移動からの生成物やその分布と異なることがある.

($A^{•-}$)$_{solv}$ は安定化されるので，図 1.3 では (1.4b) 式は $\Delta G°_{ET} < 0$ となるように示してあり，この場合，電子移動は進行する．図 1.3 では反応前と反応後のポテンシャルエネルギー曲線の交点が活性化自由エネルギー（$\Delta G^{\ddagger}_{ET}$）に対応しており，電子移動でも他の化学反応と同様にエネルギー障壁があることになる．($D^{•+}, A^{•-}$) が生成する $\Delta G^{\ddagger}_{ET}$ に比べて，直接 ($D^{•+}$)$_{solv}$ と ($A^{•-}$)$_{solv}$ が生成する反応では $\Delta G^{\ddagger}_{ET}$ が減少する傾向が図 1.3 からわかる．

スキーム (1.4c) のように ($D^{•+}, A^{•-}$) が生成したのち ($D^{•+}$)$_{solv}$ と ($A^{•-}$)$_{solv}$ に解離する逐次過程では，最初の ($D^{•+}, A^{•-}$) 生成段階

下図に示すように電位の高速スキャンなどでラジカルカチオンとラジカルアニオンをほぼ同時に作製する (I) と両者間の電子移動が起こって (II)，一方の励起状態ができて電気化学発光 (III) が観測される．この注入型電気化学 (EL) 発光も，電子移動が基礎になっている（下図参照）．半導体電極を光励起して起こる電子の動き（Honda–Fujishima（ホンダ–フジシマ）効果）を基礎にする太陽電池や水の光分解の重要性が高まっている．

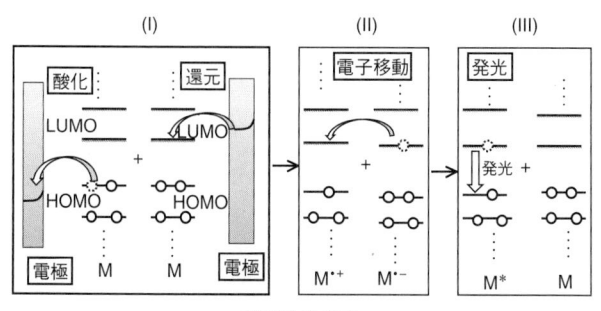

電気化学発光
M は分子を，＊印は励起状態を表す．

は（D＋A）との可逆過程であるが，その後のラジカルイオン対の解離で$(D^{•+})_{solv}$と$(A^{•-})_{solv}$となる過程は不可逆過程となる.

電子移動反応では分子構造を大幅には変えずに電子のみ移動するので，エントロピー項（$\Delta S°_{ET}$）は一般に小さいが，実際は溶媒の配向変化が起こるので，エンタルピー項（$\Delta H°_{ET}$）の代わりに厳密には$\Delta G°_{ET}$を採用する場合が多い.したがって，吸熱反応（$\Delta H°_{ET} > 0$）の代わりに吸エルゴン反応（$\Delta G°_{ET} > 0$；上向き矢印）を，発熱反応（$\Delta H°_{ET} < 0$）の代わりに発エルゴン反応（$\Delta G°_{ET} < 0$；下向き矢印）の用語を用いる（エルゴンはギリシャ語で仕事を意味し，エネルギーの語源である）.

図1.4にラジカルイオンの溶媒和の様子を模式的に示した.ここで，$A^{•-}$では電子がLUMOに入っているので$D^{•+}$より大きな円で示し，極性溶媒の双極子の負電荷を矢印の方向で示した.ラジカルイオン対には$D^{•+}$と$A^{•-}$が接触している状態のまま溶媒和している接触ラジカルイオン対（$(D^{•+}, A^{•-})$）と$D^{•+}$と$A^{•-}$の間に溶媒分子（S）

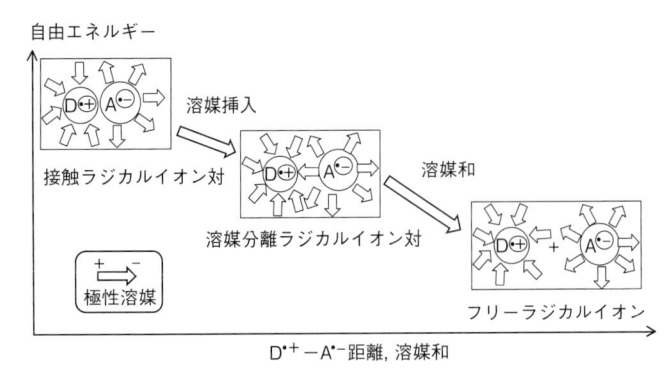

図1.4　ラジカルイオン対と極性溶媒の配位構造

$A^{•-}$では電子はLUMO(D)に入っているのでHOMO(A)の$D^{•+}$より大きな円で示した.
溶媒の極性は図中で定義してある.

が一部挿入された溶媒分離ラジカルイオン対（$(D^{•+}(S)A^{•-})$）があるといわれており，さらに$D^{•+}$と$A^{•-}$が別個に溶媒和されると，互いに独立に拡散するフリーラジカルイオン（$(D^{•+})_{solv}+(A^{•-})_{solv}$）となる（本書では接触ラジカルイオン対と溶媒分離ラジカルイオン対を合わせてラジカルイオン対とよぶこともある）．

極性溶媒中の$\Delta G°_{ET(solv)}$を気相中の$IE_{(D)}$や$EA_{(A)}$を使って求める場合には，溶媒和エネルギー（E_{solv}）を考慮し，さらに，ラジカルイオン対の生成に対しては$D^{•+}$と$A^{•-}$の間のCoulomb（クーロン）エネルギー（$E_{Coulomb}$）をも加える必要がある．$\Delta G°_{ET}$は$E_{solv(D)}$と$E_{solv(A)}$，および$E_{Coulomb}$の分，負の値の方向に増加して，気相中より安定化する（(1.5) 式）．$E_{Coulomb}$は$D^{•+}$と$A^{•-}$間の距離とともに減少するので，$(D^{•+}(S)A^{•-})$やフリーラジカルイオン（$(D^{•+})_{solv}$と$(A^{•-})_{solv}$）ではその寄与は少なくなるが，$E_{solv(D)}$と$E_{solv(A)}$の値は増加して，さらに安定化し，(1.4b) や (1.4c) 式の反応は発エルゴン的になり，平衡は生成系（右側）に偏り電子移動が進行する．

（溶液中）　$\Delta G°_{ET} = (IE_{(D)} - E_{solv(D)}) - (EA_{(A)} + E_{solv(A)}) - E_{Coulomb}$
(1.5)

$E_{solv(D)}$，$E_{solv(A)}$および$E_{Coulomb}$は連続誘電体モデルに基づいて計算することができる（次節において詳述する）[3]．

一方，電気化学的手法による酸化電位（E_{OX}）と還元電位（E_{RED}）は極性溶媒中の溶媒和した$(D^{•+})_{solv}$と$(A^{•-})_{solv}$を生成する電極反応であるので，極性溶媒中の電子移動反応の評価には最適であり，ラジカルイオンの生成は$E_{Coulomb}$で補正した (1.6) 式になる．

（溶液中）　$\Delta G°_{ET(solv)} = e(E_{OX(D)} - E_{RED(A)}) - E_{Coulomb}$ (1.6)

この式では，電子移動を評価する際の溶媒が酸化・還元電位測定

の際の溶媒と異なるときにはさらに補正が必要となる．しかし，極性の低い溶媒中の電子移動過程の $\Delta G°_{ET}$ を極性の高い溶媒中の酸化・還元電位測定値から計算しようとするとかなりの誤差が生じる可能性があるので注意が必要である．

1.3 反応速度と平衡濃度

図 1.1 で示したように電子移動後の $A^{•-}$ の LUMO のエネルギーが $D^{•+}$ の HOMO のエネルギーより高い場合には，$A^{•-}$ の半占 LUMO の電子が $D^{•+}$ の半占 HOMO へ戻って，もとの中性分子へ戻ろうとする逆電子移動が起こり順反応との平衡状態となる．

溶液中でDとAの拡散衝突によって起きる電子移動（(1.4b) 式）は 2 分子反応であるので，電子移動反応速度（R_{ET}）はDとAの濃度（[D]，[A] と表す）に比例する（(1.7a) 式）．ここで，比例定数は 2 次の反応速度定数（k_{ET}^{2nd}）に対応する．いったん生成した $(D^{•+})_{solv}$ と $(A^{•-})_{solv}$ の衝突で起きる逆電子移動も 2 分子反応であるので，その反応速度（R_{BET}）は生成した $(D^{•+})_{solv}$ と $(A^{•-})_{solv}$ 濃度に比例する（(1.7b) 式；ここで，$(D^{•+})_{solv}$，$(A^{•-})_{solv}$ の濃度を $[D^{•+}]$，$[A^{•-}]$ と略記する）．

$$R_{ET} = \frac{-d[D]}{dt} = \frac{-d[A]}{dt} = k_{ET}^{2nd}[D][A] \tag{1.7a}$$

$$R_{BET} = \frac{-d[D^{•+}]}{dt} = \frac{-d[A^{•-}]}{dt} = k_{BET}^{2nd}[D^{•+}][A^{•-}] \tag{1.7b}$$

ここで，[D]，[A]，$[D^{•+}]$，$[A^{•-}]$ はとくに断らないかぎり反応時間 t の関数とする．一般に $[D^{•+}] = [A^{•-}]$ なので，(1.7c) 式となる．

$$R_{\text{BET}} = \frac{-\mathrm{d}[\mathrm{D}^{\bullet +}]}{\mathrm{d}t} = k_{\text{BET}}{}^{\text{2nd}}[\mathrm{D}^{\bullet +}]^2 = \frac{-\mathrm{d}[\mathrm{A}^{\bullet -}]}{\mathrm{d}t} = k_{\text{BET}}{}^{\text{2nd}}[\mathrm{A}^{\bullet -}]^2 \tag{1.7c}$$

(1.7c) 式を速度論の定法により積分すると，(1.7d) 式が得られる．

$$\frac{1}{[\mathrm{D}^{\bullet +}]} = k_{\text{BET}}{}^{\text{2nd}}t \quad \text{または} \quad \frac{1}{[\mathrm{A}^{\bullet +}]} = k_{\text{BET}}{}^{\text{2nd}}t \tag{1.7d}$$

$1/[\mathrm{D}^{\bullet +}]$ と t のプロット (または $1/[\mathrm{A}^{\bullet -}]$ と t のプロット) から $k_{\text{BET}}{}^{\text{2nd}}$ の値を求めることができる．

$k_{\text{ET}}{}^{\text{2nd}}$ の値は発エルゴン反応では拡散律速の速度定数 (k_{Diff}) に近い値になると考えられる．電子移動の順反応が吸エルゴン反応であると，逆反応が発エルゴン反応になり，反応速度定数には $k_{\text{ET}}{}^{\text{2nd}} \leq k_{\text{BET}}{}^{\text{2nd}} (\approx k_{\text{Diff}})$ の関連がある．このとき，(1.8) 式で定義される平衡定数 K は 1 以下であるので，平衡状態での濃度関係は $[\mathrm{D}^{\bullet +}]_{\mathrm{e}} \times [\mathrm{A}^{\bullet -}]_{\mathrm{e}} < [\mathrm{D}]_{\mathrm{e}}[\mathrm{A}]_{\mathrm{e}}$ である (ここで，添字 e は平衡状態 (equilibrium) を示す)．

$$K = \frac{k_{\text{ET}}{}^{\text{2nd}}}{k_{\text{BET}}{}^{\text{2nd}}} = \frac{[\mathrm{D}^{\bullet +}]_{\mathrm{e}}[\mathrm{A}^{\bullet -}]_{\mathrm{e}}}{[\mathrm{D}]_{\mathrm{e}}[\mathrm{A}]_{\mathrm{e}}} \tag{1.8}$$

ここで，D と A の初濃度を $[\mathrm{D}]_0$, $[\mathrm{A}]_0$ として，高濃度にすると，$[\mathrm{D}]_{\mathrm{e}}[\mathrm{A}]_{\mathrm{e}} \approx [\mathrm{D}]_0[\mathrm{A}]_0$ なので，K が一定なときには $[\mathrm{D}^{\bullet +}]_{\mathrm{e}}$ および $[\mathrm{A}^{\bullet -}]_{\mathrm{e}}$ は $[\mathrm{D}]_0$ および $[\mathrm{A}]_0$ とともに増大する．したがって，$K<1$ の電子移動平衡反応でも，$[\mathrm{D}]_0$ と $[\mathrm{A}]_0$ を高濃度にすると，$[\mathrm{D}^{\bullet +}]_{\mathrm{e}}$ と $[\mathrm{A}^{\bullet -}]_{\mathrm{e}}$ は低濃度ながら平衡濃度として存在することになる．

スキーム (1.4c) 式のように $(\mathrm{D}^{\bullet +}, \mathrm{A}^{\bullet -})$ がまず生成してから $(\mathrm{D}^{\bullet +})_{\text{solv}}$ と $(\mathrm{A}^{\bullet -})_{\text{solv}}$ へ分離するときには，$(\mathrm{D}^{\bullet +}, \mathrm{A}^{\bullet -})$ に関して定常状態近似法を適用すると，D と A の減少速度から，R_{ET} は (1.9) 式のように 2 分子反応になる．

$$R_{ET} = k_{ET} \left(1 - \frac{k_{BET}{}^{1st}}{k_{solv} + k_{BET}{}^{1st}}\right) [D][A] \tag{1.9}$$

$k_{BET} \ll k_{solv}$ の条件では（1.9）式は（1.7a）式に等しくなる.

（D$^{•+}$, A$^{•-}$）から逆電子移動式（1.10a）式は単分子反応となり，（D$^{•+}$, A$^{•-}$）の対数関数的減衰の（1.10b）式を積分して，$k_{BET}{}^{1st}$ が求められる.

$$(D^{•+}, A^{•-}) \xrightarrow{k_{BET}{}^{1st}} D + A \tag{1.10a}$$

$$R_{BET} = -\frac{d[(D^{•+}, A^{•-})]}{dt} = k_{BET}{}^{1st}[(D^{•+}, A^{•-})] \tag{1.10b}$$

一方，(D$^{•+}$)$_{solv}$ と (A$^{•-}$)$_{solv}$ から (D$^{•+}$, A$^{•-}$) を経由しないで逆電子移動する場合，(1.7b～d) 式のような単純な分子間の2分子反応速度式になる.

一般の化学反応と同様に電子移動反応においても図 1.3 に示したように $\Delta G^{\ddagger}_{ET}$ を越えねばならないので，k_{ET} の温度（T）に対する変化は Arrhenius（アレニウス）式（(1.11a) 式）で表現することもできる（ここで，A は頻度定数，R は気体定数である）.

$$\ln k_{ET} = \ln A - \frac{\Delta G^{\ddagger}_{ET}}{RT} \tag{1.11a}$$

一方，平衡定数の温度変化は，van't Hoff（ファント・ホッフ）の式（(1.11b) 式）で与えられる.

$$\ln K_{ET} = -\frac{\Delta G^{°}_{ET}}{RT} \tag{1.11b}$$

同種の化学反応では，直線自由エネルギー関係（$\ln k_{ET} \propto \ln K_{ET}$）が成り立つ（直線自由エネルギー関係についてはコラム 4 を参照）.$\Delta G^{°}_{ET}$ が負の方向へ増加すると，$\Delta G^{\ddagger}_{ET}$ は減少し，$\ln K_{ET}$ の増大とともに $\ln k_{ET}$ も増大する.実際，溶液中のDとA間の2分

子電子移動反応定数 $\ln k_{ET}^{2nd}$ は，$\Delta G°_{ET}$ が正の値の吸エルゴン反応から $\Delta G°_{ET}$ がゼロの等エネルギー反応付近までほぼ直線的に増大する傾向が，多くの反応系で観測されている（図1.5の左側半分）．

さらに，$\Delta G°_{ET}$ が負の値になり発エルゴン反応になると，k_{ET}^{2nd} が拡散速度定数（k_{Diff}）へ近づき，ほぼ一定値となることも多くの反応系で観測されている（図1.5の右側）．

$(D^{•+})_{solv}$ と $(A^{•-})_{solv}$ 間の逆電子移動の反応速度定数（k_{BET}^{2nd}）は，$(D^{•+})_{solv}$ と $(A^{•-})_{solv}$ を別の方法で独立に生成させ，迅速混合法で混合直後の減衰速度を追跡して求めることができる．この k_{BET}^{2nd} の対数と $-\Delta G°_{BET}$ のプロットも図1.5と同様の曲線に沿って変化する．このとき，$-\Delta G°_{BET}$ は図1.5の $\Delta G°_{ET}$ の符号を変えたものであるため，$\Delta G°_{ET}=0$ の点で交差して左右対称の曲線になると予想される．

ただし，溶媒などの条件でラジカルイオン対（$D^{•+}, A^{•-}$）のみ生

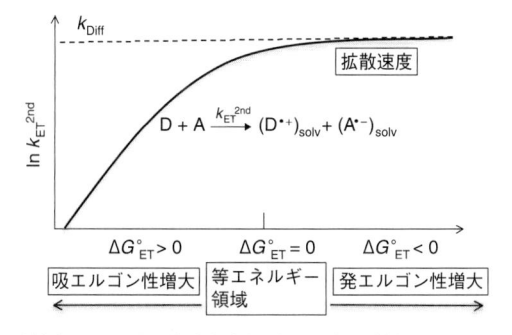

図1.5 溶液中の分子間反応速度定数（k_{ET}^{2nd}）の対数と $\Delta G°_{ET}$ との関係
吸エルゴンおよび等エネルギー領域では直線的に増加するが，発エルゴン反応領域では拡散律速となる．

成すると逆電子移動は1分子反応（(1.10a)式，(1.10b)式）となるため，$k_{\mathrm{BET}}^{\mathrm{1st}}$ と $\Delta G°_{\mathrm{BET}}$ との関係は図1.5とは別の曲線になると予想される（第3章の図3.5参照）．

1.4 電子移動とラジカルイオンの確認

中性分子DとAを極性溶媒中で混合すると，$D^{•+}$ と $A^{•-}$ を生成し，それらを定常的に長時間保持できる電子移動反応の例が報告されている．中性有機分子は無色か淡黄色であることが多いが，$D^{•+}$ や

コラム 4

直線自由エネルギー関係

有機反応では化学構造と関連のある平衡のデータに基づいて速度を予測することが可能である．とくにHammett（ハメット）則では，ある典型的な一連の平衡反応の平衡定数と別の反応の速度定数の相関から反応の極性効果や遷移状態の性質を明らかにすることができる．

右ページの左図のポテンシャル曲線の上下方向の動きに伴う交点の変化から $\Delta(\Delta G^{\ddagger})=\alpha\Delta(\Delta G°)$ の関係が得られ，Arrheniusの式とvan't Hoffの式をそれぞれ適用すると $\Delta(\ln k)=\alpha\Delta(\ln K)$ が導かれる．電子供与性基から電子受容性基までの置換基効果が $\Delta G°$ ばかりでなく遷移状態での電子の偏りにも影響する．これを右図のように遷移状態での電荷移動（CTTS）として分離すると，反応のHammett則（$\Delta \ln k = \rho \Delta (\ln K)$）での反応定数（$\rho$）は $\rho = \alpha + \Delta(\mathrm{CTTS})$ で表すことができる．

また，有機反応では直線自由エネルギー関係（LFER）以外に反応性–選択性原理（Hammond（ハモンド）仮説）があり，反応座標上の遷移状態の左右の動きに着目し，発エルゴン反応の遷移状態は原系の構造に似ており，吸エルゴン反応の遷移状態は生成系の構造に似ているとして反応性を予測することがで

A•⁻は一般に着色するので，溶液の色から電子移動が起きたことを確認できる．この色の変化も図1.1の分子軌道によって説明できる．中性分子の最長波長の吸収はHOMOからLUMOへの電子遷移に対応しており，このエネルギー差は3 eVより大きいので吸収波長は400 nmより短波長の紫外領域部になり，無色あるいは淡黄色である場合が多い．それに対して，D•⁺はHOMO−1から半空のHOMOへの電子遷移であり，A•⁻は半空のLUMOからLUMO+1への電子遷移になるので，これらのエネルギー差は2 eV程度となり，吸収波長は可視領域（400〜800 nm）に属することが多く，着色す

きる．

電子移動では幅広く$\Delta G°$を変動させると，Marcus（マーカス）理論の逆転領域（第3章参照）が現れる．Hammettプロットでも火山型プロットが現れることがあるが，その原因としては諸説がありうる．

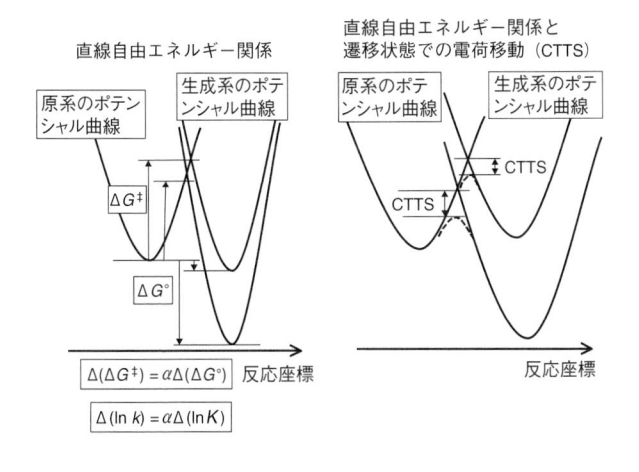

直線自由エネルギー関係

原系のポテンシャル曲線　　生成系のポテンシャル曲線

$\Delta G^{\ddagger}$

$\Delta G°$

反応座標

$\Delta(\Delta G^{\ddagger}) = \alpha \Delta(\Delta G°)$

$\Delta(\ln k) = \alpha \Delta(\ln K)$

直線自由エネルギー関係と遷移状態での電荷移動（CTTS）

原系のポテンシャル曲線　　生成系のポテンシャル曲線

CTTS

CTTS

反応座標

る.

たとえば,テトラメチル-p-フェニレンジアミン(TMPD)は電子供与性が高い有機物であるため,電子受容性分子であるテトラシアノキノジメタン(TCNQ)と極性有機溶媒中で混合すると,ただちに濃い青紫色の溶液を得る.TMPD$^{•+}$とTCNQ$^{•-}$が生成する(反応(1.12)式)ことは吸収スペクトル(図1.6)で確認できる.

$$\text{TMPD} + \text{TCNQ} \rightleftarrows \text{TMPD}^{•+} + \text{TCNQ}^{•-}$$
(640 nm) (750, 850 nm)

(1.12)

TMPDとTCNQは紫外部に吸収極大を示し,可視部にその吸収のすそが伸びて,淡黄色を呈している.両者を混合すると吸収スペクトルにはTMPD$^{•+}$の吸収帯が650 nmに,TCNQ$^{•-}$の吸収帯が750 nmと850 nmに現れる.さらに電子スピン共鳴スペクトルを測定するとTMPD$^{•+}$の超微細構造とTCNE$^{•+}$の超微細構造の重なったスペクトルが現れ,電子移動を確認できる.

DとしてテトラチアフルバレンTTF誘導体を用いてTCNQと混合すると,TTF$^{•+}$とTCNQ$^{•-}$が生成する.溶媒や濃度または生成法を工夫すると,TTF$^{•+}$とTCNQ$^{•-}$との1:1の単結晶が得られる.この結晶の構造と性質は有機超伝導体との関連で詳しく調べられている(有機超伝導体についてはコラム5参照).

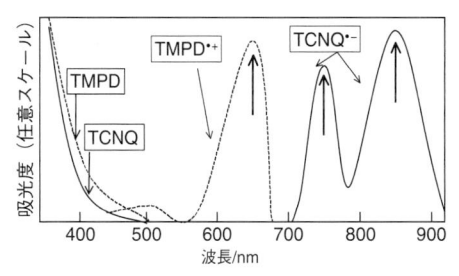

図 1.6 TMPD と TCNQ の混合によって生成したラジカルイオンの模式的吸収スペクトル

1.5 平衡反応の確認

　電子供与性分子であるテトラキス(ジメチルアミノ)エチレン (TDAE) と電子受容性分子であるフラーレン（C_{60}）を混合すると，C_{60} 特有の淡い赤紫色が消えて，淡黄色の溶液が得られる（反応 (1.13) 式）．吸収スペクトルを測定すると図 1.7 に示すように $C_{60}^{\bullet -}$ の吸収帯が 1,080 nm に現れて電子移動が起こっていることが確認できるが，可視領域の長波長端の 800 nm より長波長側の近赤外領域の吸収のため，色が消えることになる．さらに，電子スピン共鳴スペクトルには $TDAE^{\bullet +}$ の鋭い 50 本近いシグナルと $C_{60}^{\bullet -}$ の鋭い 1 本のシグナルとの重ね合わせが観測される．（フラーレンをはじめニューカーボンと電子移動の関係についてはコラム 6 参照）．

TDAE	C_{60}	$TDAE^{\bullet +}$	$C_{60}^{\bullet -}$
淡黄色	赤紫色	淡黄色 (〜400 nm)	無色 (1,080 nm)

(1.13)

TDAE を C_{60} の濃度より過剰に加えていくと $C_{60}^{\bullet -}$ の 1,080 nm での吸光度は増加し続けていくが，その吸光度から計算した $C_{60}^{\bullet -}$ の濃度は加えた C_{60} の一部分であり，電子移動していない C_{60} が残っているので，この電子移動反応が平衡反応であることを示唆している（室温にて $K_{ET} \approx 0.01$）．実際，この溶液にパルス状レーザー光を照射すると，図 1.7a に模式的に示したように光照射直後に $C_{60}^{\bullet -}$ の吸光度がナノ秒（ns）の時間帯で急増して，マイクロ秒（µs）の時間領域で光照射前の平衡濃度へ戻っていく様子が観測されている．

この現象は，まず，残存していた C_{60} が光励起され，その励起状態の C_{60} が過剰の TDAE と電子移動を起こし，平衡濃度の $C_{60}^{\bullet -}$ と

コラム 5

有機超伝導体と電子移動

一般に，超伝導を示す物質には，BCS 理論で説明可能な金属（Hg, Pb, Nb）で超伝導転移温度（T_c = 40 K 程度）が限界であったのが，金属化合物（銅酸化物超伝導体）の重い電子系で T_c = 140 K 程度まで上昇している．このように希少かつ高価で取扱いが難しい液体ヘリウム（沸点 4.2 K）の代わりに廉価でかつ取扱いが容易な液体窒素（沸点 77 K）で冷却できる高温超伝導体が多数見出されて，将来的には Peltier（ペルチエ）効果などで冷却可能な温度まで上昇する可能性が追究されている．

フラーレン（C_{60}）をアルカリ金属で多電子還元して得られた C_{60}・アルカリ金属イオン対の単結晶でかなり高い T_c が報告されている．K_3C_{60} で T_c = 34 K，$RbCs_2C_{60}$ で T_c = 38 K，Cs_3C_{60} で T_c = 0 K（高圧下）である．最近，簡単な平面芳香族化合物（たとえば，純ピセン；右ページ参照）のアルカリ金属還元体でも T_c = 18 K が報告され，それまでの多くの有機電荷移動錯体（たとえば，

1.5 平衡反応の確認

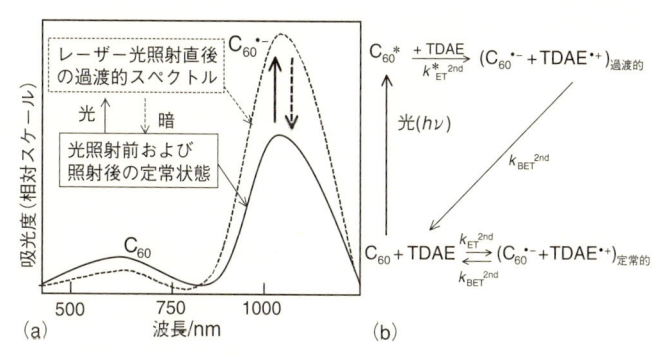

図1.7 (a) 平衡反応(1.13)式にパルス状レーザー光照射した吸収スペクトル変化. (b) 電子移動プロセスのスキーム.

C_{60} の励起状態(C_{60}^*)の吸収帯はパルス状レーザー光照射直後に現れるが，$C_{60}^{\bullet -}$ の吸収の増加とともに消失するので，この図では省略してある．一般に，$k^{*\ 2nd}_{ET} \gg k^{2nd}_{ET}$ である．(光誘起電子移動については第3章で詳述する．)

(BEDT·TTF)$_2$Cu(NCS)$_2$；下図参照) で T_C≒20 K 程度)に匹敵している．

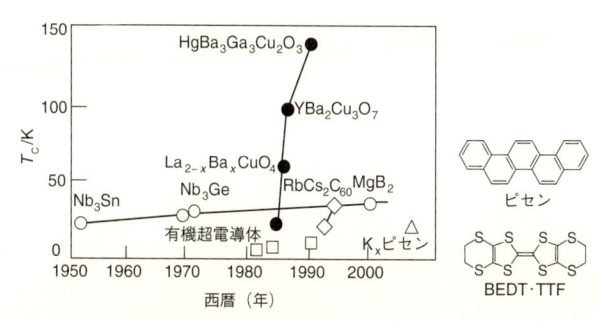

○：金属化合物，●：銅系酸化物，
□：有機電荷移動錯体，◇：C_{60}・アルカリ金属，
△：平面芳香族化合物・アルカリ金属．

TDAE$^{•+}$に加えて過渡的に新たな C$_{60}$$^{•-}$と TDAE$^{•+}$を生成し,その後,光照射前の平衡に戻ることを示している [4].この様子を図 1.7b のスキームで示した.逆電子移動速度定数は C$_{60}$$^{•-}$の減衰速度から $k_{BET}{}^{2nd}$ が求められるので,平衡定数 K_{ET} と合わせて,(1.8)式から $k_{ET}{}^{2nd}$ が推算できる(時間分解測定装置についてはコラム 7 を参照).

1.6 電子移動の後続反応

D と A の間の電子移動によって生成した D$^{•+}$と A$^{•-}$のうち,一方

コラム 6

ニューカーボンと電子移動

1996 年のノーベル化学賞がフラーレン類の発見者に,そして 2010 年のノーベル物理学賞が平面炭素であるグラフェンの研究者へ送られた.カーボンナノチューブも多くの注目を集めて研究・開発が進められている.これらのニューカーボンは電子移動の重要な担い手でもある.このなかでフラーレン分子はその特異なπ電子構造のために強力な電子受容能をもち,溶媒との相互作用が小さいため電荷の分離状態を長時間保つことで,太陽電池や人工光合成の成分として重要な分子である.カーボンナノチューブもその炭素配列のねじれ具合によって半導体と金属性に分離され,さらにそれぞれ直径の違うチューブが単離分別されるようになり,電子移動の担い手としての研究も行われている.グラフェンも単層状態で基板に成長させることができることや,化学修飾などの研究が行われている.これらニューカーボン類の電子的・光学的移動の特性は,レアアース金属に代わる脱レアアース材料としてますます重要になっている.本書では,フラーレンおよび化学修飾体に関する研究をいくつか紹介している.

がさらに化学反応を起こして他の化学種へ変換した場合には，$D^{•+}$ または $A^{•-}$ のどちらか片方の濃度が低下するので，平衡反応に関する Le Chatelier（ルシャトリエ）の原理に従って減少した分を補給しようとして電子移動が進行し，他方の $A^{•-}$ または $D^{•+}$ が蓄積される．このようにして得た高濃度の $A^{•-}$ または $D^{•+}$ を他の反応に利用することができる（(1.14a) および (1.14b) 式）．

$$D + A \underset{k_{BET}}{\overset{k_{ET}}{\rightleftarrows}} D^{•+} + A^{•-} \xrightarrow{k_{DE}} E^+ + A^{•-} \tag{1.14a}$$

(k_{DE}；$D^{•+}$ から E^+ への後続反応速度定数)

ニューカーボンの構造

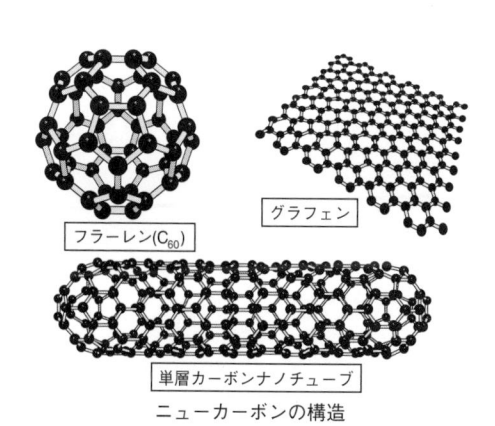

この模式図では二重結合は省略し，C–C 結合長も変えている．C_{60} は有機溶媒に可溶で赤紫色．カーボンナノチューブは C 原子の横並びが平行なとき金属性で，C 原子がらせん状のものは半導体であり，それらの直径に依存して分散溶液は特有の色を示す．グラフェンでは大面積の芳香環が物性を，末端の炭素の原子価状態が化学的性質を決めている．

$$\text{D} + \text{A} \underset{k_{\text{BET}}}{\overset{k_{\text{ET}}}{\rightleftarrows}} \text{D}^{\bullet+} + \text{A}^{\bullet-} \xrightarrow{k_{\text{AG}}} \text{D}^{\bullet+} + \text{G}^{-} \qquad (1.14\text{b})$$

(k_{AG}；$\text{A}^{\bullet-}$からG^{-}への後続反応速度定数)

ここで，E^{+}やG^{-}は化学結合の切断などが起きているので，E^{+}やG^{-}を経る反応を積極的に利用する有機合成反応が開発されている．一方，スキーム (1.14a) で蓄積した$\text{A}^{\bullet-}$の後続反応から別の化合物の合成へ導くことも可能である．たとえば，スキーム (1.15) はハロゲン化ベンジル (PhCH_2X) のラジカルアニオン [PhCH_2X]$^{\bullet-}$からX^{-}が離脱してベンジルラジカル $\text{PhC}^{\bullet}\text{H}_2$ を生成し（解離的電子捕捉過程），二量化反応によって $\text{PhCH}_2-\text{CH}_2\text{Ph}$ を生成する反応

コラム7

時間分解分光測定と電子移動

　混合系での電子移動過程を追跡するには，電子供与性分子と電子受容性分子を迅速に混合した直後の光吸収変化を測定する迅速混合法が有効であるが，この方法ではミリ秒程度の現象を観測することができる．光や電子線ではパルス発生が可能であるので，そのパルス時間幅に応じて，パルス直後からの時間変化を追跡できる．パルス状のレーザー光はその波長選択によって目的分子を直接光励起できて，その直後からの高速現象を吸収スペクトルや蛍光スペクトルの変化として追跡することができる．時間分解能はフェムト秒 (fs) からナノ秒まで可能で，レーザー波長は可視光から紫外光まで選択可能である．測定波長領域もモニター光，分光器，受光素子の波長感度などによって決まってくる．これらは電子移動に関する測定に不可欠な装置となっている（図1）．ただし，レーザーフラッシュフォトリシス法による過渡吸収の吸光度変化は微小である場合が多いので，溶液の溶存酸素の濃度や分子の初濃度（分子の吸光度）やレーザー強度（レーザー波長の選択）と装置の感度などの測定条件を変えて最適条件を選ばなければならない．図1でモニター光を遮断すれば蛍光強

や，水素供与体（RH）から水素を引き抜いて PhCH₃ を生成する反応である．離脱基としては X⁻ 以外に，⁻OR，⁻SR など安定アニオンが採用されている．

$$[PhCH_2X]^{•-} \longrightarrow PhC^•H_2 + X^- \quad (解離的電子捕捉)$$

（二量化）↙　↓ +RH（水素引抜き）

$$PhCH_2\text{-}CH_2Ph \quad PhCH_3 + R^•$$

(1.15)

X：ハロゲン，OR，SR など

移動した電子（e⁻）を連鎖的に利用する例として，ハロゲン化

度の時間変化が測定できる．

　一方，パルス状電子線照射装置を用いたパルスラジオリシス法ではナノ秒パルスからピコ秒（ps）パルスまで測定可能であるが，その装置は大規模である（図2）．パルスラジオリシスをはじめ放射線照射では溶媒と一次的に反応して電子や空孔（ホール）が発生し，それが溶質に捕捉されていく過程やその後続反応を吸収スペクトルの変化として追跡することができる．

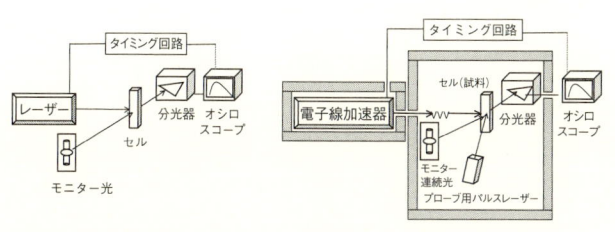

図1　レーザーフラッシュフォトリシス

図2　パルスラジオリシス

ベンゼン (PhX) への電子移動によって生成した [PhX]•⁻ の PhSe⁻ 存在下の反応を (1.16) 式に示す.

$$\text{PhX} \xrightarrow{+e^-} [\text{PhX}]^{•-} \longrightarrow {}^{•}\text{Ph} [\sigma\text{-ラジカル}] + X^- \xrightarrow{+\text{PhSe}^-} [\text{PhSePh}]^{•-} \xrightarrow{+e^-} \text{PhSePh} \tag{1.16}$$

[PhX]•⁻では容易にC−X結合が開裂してX⁻が脱離し,フェニルラジカル(•Ph)を発生する.この•Phはσ-ラジカルで反応性に富み,共存するPhSe⁻のSeに付加して[PhSePh]•⁻となり,ここから過剰の電子をPhXへ与えてPhSePhとなる.ここで電子は連鎖移動剤として利用できることになるので,効率的な反応となる.

オレフィンではラジカルアニオンになると二重結合のうちのひとつの結合が開いて一方の炭素がラジカルとなり他方の炭素がアニオンになるので,ここから多様な反応が起こる(図1.8).残った単結合の周りで回転が起こりやすくなり異性化反応が起きる.RHが共存すると炭素ラジカルの水素引抜きが起こり,カルボアニオンが生じる.炭素ラジカルどうしで二量化反応が起こり,炭素アニオン位から種々のイオン反応が起きる.プロトン源(BH)を添加するとプロトン化によって炭素ラジカルが残って,ここからラジカル反応が始まる.

D•⁺の後続反応も多数報告されているが,脱プロトンでラジカルが主な反応になる場合が多い.オレフィンのラジカルカチオンが蓄積した場合でも二重結合のうちの1つの結合が開いて炭素ラジカルとカルボカチオンになり,図1.8と同様なラジカル反応とカチオ

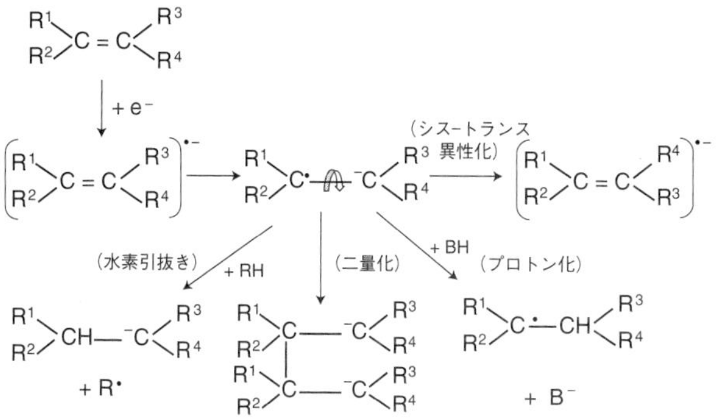

図 1.8 オレフィンのラジカルアニオンの後続反応の例

ン反応が起きることになる.

1.7 その他の電子移動

　中性分子間の電子移動以外にも多様な組合せの電子移動が可能である．たとえば，フリーラジカル（D•）がある程度の寿命をもつとき，中性のAに電子を与えてA•⁻とD⁺を生成する（反応(1.17a)式）．このとき，D•のラジカルは半占軌道（singly occupied molecular orbital：SOMO$_{(D)}$）にあり，そのエネルギーは図1.1のHOMO$_{(D)}$より高いのが一般的で，強い電子供与性をもつ．Aに電子を与えて生成したD⁺のSOMO$_{(D)}$は空軌道となる（たとえば，D•が炭素ラジカルのときはD⁺はカルボカチオンとなる）．

$$D^{\bullet} + A \underset{k_{BET}}{\overset{k_{ET}}{\rightleftarrows}} D^{+} + A^{\bullet -} \tag{1.17a}$$

　逆電子移動はLUMO$_{(A)}$から空のSOMO$_{(D)}$へ電子が戻る過程になるが，LUMO$_{(A)}$−HOMO$_{(D)}$差の大きい反応（1.1）式の逆反応と比較

すると，SOMO$_{(D)}$ − HOMO$_{(D)}$差は小さいので，反応 (1.17a) 式の逆電子移動は遅いことが予想される．

一方，SOMO のエネルギーが低いとき，ラジカルは強い電子受容性をもつことになる．このラジカルを A$^•$とすると，SOMO$_{(A)}$は D の HOMO$_{(D)}$から電子を受け取って D$^{•+}$と A$^−$が生成する（反応 (1.17b) 式）．

$$D + A^• \underset{k_{BET}}{\overset{k_{ET}}{\rightleftarrows}} D^{•+} + A^- \tag{1.17b}$$

SOMO$_{(A)}$は D の電子を受け取って非結合軌道（non-bonding orbital：NBO$_{(A)}$）性をもつ軌道となる（A$^•$が炭素ラジカルのときは，A$^−$はカルボアニオンとなる）．この NBO$_{(A)}$軌道は図 1.1 の LUMO$_{(A)}$よりエネルギーが低いので，逆電子移動反応は反応 (1.1) 式のときよりは遅くなることが示唆される．

閉殻構造をもつアニオンが電子供与体となる場合もある．このアニオンを A$_1^−$とすると，アニオン内の 1 個の電子がもう一方の A$_2$に移り，A$_1$のラジカル（A$_1^•$）と A$_2^{•−}$が生成する（反応 (1.17c) 式）．負電荷に着目すると，この反応は負電荷シフト反応ともよべる．たとえば，A$_1^−$がカルボアニオンのときには，A$_1^•$は炭素ラジカルとなる．

$$A_1^- + A_2 \underset{k_{BET}}{\overset{k_{ET}}{\rightleftarrows}} A_1^• + A_2^{•-} \tag{1.17c}$$

A$_1^−$の電子対が局在しているときには，NBO$_{(A1)}$の性質をもち，そのエネルギー準位は図 1.1 の HOMO と LUMO の中間に位置し，電子供与性が増大する．NBO$_{(A1)}$から LUMO$_{(A1)}$へ電子が移動し，生成した A$_1^•$の軌道は SOMO$_{(A1)}$となり，それは NBO$_{(A1)}$のエネルギー準位とほぼ等しい．A$_1^−$の電子対が非局在しているときには，NBO$_{(A1)}$は HOMO 性を帯びて図 1.1 と同様になる．この反応も (1.1) 式の

ように平衡式で示すことができるが，逆反応過程は $A_1^{\bullet}$ どうしの衝突で，A_1-A_1 分子の生成反応との競争となる．

一方，カチオンが電子受容体となることがある．カチオンを D_1^+ とすると，もう一方の D_2 から1個の電子が移り，D_1 のラジカル（$D_1^{\bullet}$）と $D_2^{\bullet+}$ が生成する（反応 (1.17d) 式）．たとえば D_1^+ がカルボカチオンのときは，$D_1^{\bullet}$ は炭素ラジカルとなる．正電荷に着目すると，この反応は正電荷シフト反応ともよべる．

$$D_1^+ + D_2 \underset{k_{\text{BET}}}{\overset{k_{\text{ET}}}{\rightleftarrows}} D_1^{\bullet} + D_2^{\bullet+} \tag{1.17d}$$

D_2 の HOMO から D_1 に電子が移り，D_1 の SOMO に収容されることになる．逆反応は $D_1^{\bullet}$ どうしの衝突で D_1-D_1 分子の生成反応との競争となる．

1.8 ラジカルイオンの一方だけを生成する方法

等量の $D^{\bullet+}$ と $A^{\bullet-}$ を生成する必要がなければ，$D^{\bullet+}$ または $A^{\bullet-}$ の片方のみ生成する方法は多数ある．第一の方法は，電気化学的手法で電位を D の E_{ox} に固定して一電子酸化すると，$D^{\bullet+}$ が生成する．$A^{\bullet-}$ は A の E_{ox} に電位を固定して一電子還元すると生成する．$D^{\bullet+}$ や $A^{\bullet-}$ が安定ならば蓄積するので，吸収スペクトルや電子スピン共鳴法によって確認することができる．電気化学による反応は過剰の電解質の存在下で行うが，$D^{\bullet+}$ または $A^{\bullet-}$ はフリーラジカルイオンとして存在することが特徴である．電気化学的手法は，$D^{\bullet+}$ のみを反応させたり，または $A^{\bullet-}$ のみを反応させたりすることができるので，反応中に逆のラジカルイオンから逆電子移動がないことも特徴である（電子移動と電気化学に関してはコラム3参照）．

脱水溶媒中でナトリウム金属などのアルカリ金属の鏡面と多環芳

香族炭化水素（polyaromatic hydrocarbon：PAH）を接触させるとPAH$^{•-}$が生成し，鮮明な色を呈するので，可視部の吸収スペクトルに特徴的な吸収帯を観測することができる．ナトリウムイオン（Na$^+$）への溶媒和の程度によってPAH$^{•-}$とNa$^+$がイオン対で存在したり，フリーイオンとして存在したりする．PAH$^{•-}$とNa$^+$とがイオン対になって接近すれば電子スピン共鳴スペクトルにはPAH$^{•-}$の微細構造に加えてNa$^+$の微細構造が出現するため，イオン対（PAH$^{•-}$, Na$^+$）でNa$^+$がPAH$^{•-}$のどこに位置するかなどの構造がわかり，図1.4のような接触イオン対と溶媒分離イオン対の区別もされている．PAH$^{•-}$の吸収ピークの数ナノメートルシフトによってこれらのイオンの状態が分類されている．しかもPAH$^{•-}$の反応性は，Na$^+$とのイオン状態によって強く影響される．また，PAH$^{•-}$の可視部吸収帯の吸光係数はきわめて大きいため，これらの吸収を使って低い濃度のPAH$^{•-}$溶液を調製できるので，添加したビニルモノマーへの電子移動によって生成する炭素アニオン濃度を低く抑え，リビングアニオン重合で生成する重合度を高くすることができる（図1.8）．鏡面のアルカリ金属による還元は不均一反応であるので，化合物によっては鏡面上で一電子還元後に2電子目が入りジアニオンになって，別の後続反応が起こる場合もあるので注意が必要である．

　均一系で作用する無機化合物の還元剤を用いると研究対象を広げることができる．たとえば，ジチオナイト塩（Na$_2$S$_2$O$_4$）は非水溶媒中で室温でも中央のS−S結合が容易に開裂してSO$_2$のラジカルアニオン（SO$_2^{•-}$）となるが，そこで，共存する化合物（A）へ電子を与えるとA$^{•-}$とSO$_2$になる．SO$_2$が気体として系外へ出ればA$^{•-}$が逆電子移動する相手を失って，長時間安定に存在することになり（反応（1.18）式），A$^{•-}$の構造や後続反応を研究することができる．

逆に前もって作製した A·⁻ の溶液に SO₂ 気体を導入すると，A の回収が可能である（溶媒によっては Na₂S₂O₄ が白色粉末として析出し，分離が容易である）．

$$Na_2S_2O_4 \equiv \begin{bmatrix} Na^+ \ ^-O \diagdown \!\!\!\diagup O \\ O \diagup S\!\cdot\ \cdot S \diagdown O^- \ Na^+ \end{bmatrix} \quad (1.18)$$
$$\longrightarrow 2[\cdot SO_2^-, Na^+] \xrightarrow{+A} Na^+, A^{\cdot -} + SO_2\uparrow$$

一般に無機化合物の酸化剤を用いて電子供与性分子 D を一電子酸化するとラジカルカチオン（D·⁺）が生成する．金属錯イオンを酸化剤として用いた場合には半占の d 軌道が D の HOMO から電子を引き抜く．酸化されにくい化合物はマジック酸などの超強酸によって一電子酸化され，ラジカルカチオンが生成されることが知られている（吸収スペクトルや電子スピン共鳴法で観測される程度に安定な例も多数ある）．触媒表面でもラジカルイオンが電子移動によって生成し，そのラジカルイオンが吸着によって安定化し，後続反応の中間体として重要な役割を担うこともある．

放射線は一般に高エネルギーのイメージがあるので，その照射によって分子はばらばらに分解すると想像されるが，実際は溶液中では放射線が大過剰の溶媒に吸収されて，そこから溶媒和電子（e^-_{solv}）や溶媒ラジカルイオン種が生成し，溶質との反応が開始する場合が多い．これらが溶質 M 分子と e^-_{solv} との反応（M の LUMO へ電子が注入される反応（(1.19) 式）や，溶媒ラジカルカチオンへ M の HOMO から電子が注入される反応（(1.20) 式）を起こして，M·⁻ や M·⁺ を生成する．これら M·⁻ や M·⁺ の確認法としては，パルス電子線照射装置と短時間吸収測定装置の組合せで，M·⁻ や M·⁺ の吸収スペクトルを測定する方法があり，後続反応およびその時間変

化を室温付近で追跡することができる．しかし，パルス電子線照射とその測定には放射線特有の大型装置と安全措置が必要であり，日本国内でも化学研究に適した状態で稼働している装置は数少ない（時間分解測定装置についてはコラム7を参照）．M$^{•-}$やM$^{•+}$を確認する簡便な手法としては，低温剛性溶媒（凍結しても透明ガラス状になる溶媒）中でM分子に^{60}Co（コバルト60）からのγ線を照射し，そのまま吸収スペクトルを測定する方法がある．M$^{•-}$の吸収スペクトル測定には2-メチルテトラヒドロフラン（MeTHF）の低温透明ガラス溶媒が最適なものとして多用されている（反応（1.19a）式）．

コラム 8

スピン多重度

　一般に分子Mの基底状態では各分子軌道に入っている2個の電子のスピンは逆向きで（下図参照）．全スピンをSとすると，閉殻分子の場合，$S=0$なのでスピン多重度（$2S+1$）=1となり，一重項状態となる．光照射でHOMOの電子がスピンの向きを変えずにLUMOに励起されると，多重度は保たれて励起一重項状態となり，^{1}M*と表す．励起されたLUMOの電子スピンがHOMOの電子スピンと同じ向きのときには$S=1$でスピン多重度（$2S+1$）=3となる

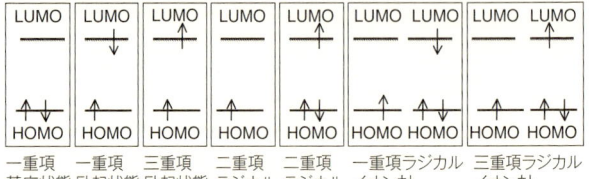

| 一重項
基底状態 | 一重項
励起状態 | 三重項
励起状態 | 二重項
ラジカル
カチオン | 二重項
ラジカル
アニオン | 一重項ラジカル
イオン対 | 三重項ラジカル
イオン対 |

$$\text{MeTHF} \xrightarrow{\text{放射線}} \text{MeTHF}^{\bullet+} + e^-_{\text{solv}} \tag{1.19a}$$

$$e^-_{\text{solv}} + M \longrightarrow M^{\bullet-} \tag{1.19b}$$

$M^{\bullet+}$の発生には塩化ブチルのようなハロゲン系溶媒がよく用いられている（反応（1.20a, b）式）．いずれの場合にも放射線で着色しない特殊な石英セルを使う．

$$\text{BuCl} \xrightarrow{\text{放射線}} \text{BuCl}^{\bullet+} + e^-_{\text{solv}} \tag{1.20a}$$

$$\text{BuCl}^{\bullet+} + M \longrightarrow \text{BuCl} + M^{\bullet+} \tag{1.20b}$$

ので，三重項状態となり，$^3M^*$と書く．HOMO と LUMO の同じ向きのスピンの組合せが三重項状態の中では最低のエネルギーをもっている三重項 T_1 状態であるが，基底一重項状態より高エネルギーであることを強調するために，本書では励起三重項状態として，$^3M^*$ と * 印を付けて記すことにする．

$^1M^*$ は一般には蛍光を発するか熱変換で基底状態へ戻る．あるいは，項間交差（intersystem crossing : ISC）で $^3M^*$ へ変換するが，その寿命は蛍光寿命測定から数ナノ秒程度以下であることが多い．$^3M^*$ からはりん光を発するか熱に変換して基底状態へ戻るが，$^3M^*$ の寿命は μs から ms と長くなる．過渡吸収法でも $^1M^*$ や $^3M^*$ を観測することができる．

一方，ラジカルカチオンとラジカルアニオンは二重項で，電子スピン共鳴法（磁場下でひき起こされる電子スピンの Zeeman（ゼーマン）分裂間をマイクロ波吸収で感知する方法）で超微細構造（電子スピンの Zeeman 分裂が近傍の核スピンの影響でさらに分裂する）が出現するとその構造が確認できる．ラジカルイオン対ではラジカルカチオンとラジカルアニオンのスピンが反対向きであると一重項になり，同じ向きであると三重項となる [2]．

(1.20b) 式の反応は溶媒ラジカルカチオンの空孔（ホール）に着目すると，Mへホールが移動したことになり，その方向は電子移動と逆になる．

1.9 まとめ

基底状態でのDにAを混合すると電子移動によってD$^{•+}$とA$^{•-}$が生成するが，この見かけの反応は常に逆反応と平衡であることを認識することが重要である．したがって，D$^{•+}$とA$^{•-}$をある程度長い時間高濃度で保持させて，しかもそのラジカルカチオン（ホール）とラジカルアニオン（電子）を利用するときは，かなりの工夫が必要である．しかし，D$^{•+}$とA$^{•-}$が後続反応を起こすと，電子移動の平衡は生成系に偏るので，加えたDとAがほぼすべて消費されるまで進行する．また，D$^{•+}$とA$^{•-}$のどちらかを電子移動によって選択的に生成させると，D$^{•+}$またはA$^{•-}$が重要な鍵中間体となって，多くの後続化学反応に利用される．

また，電子の移動を分子軌道上で確認することは，後の章での光励起後の電子移動など複雑な反応にも重要である（光励起状態やラジカルイオンのスピン多重度に関してはコラム8を参照）．さらに，ポテンシャルエネルギー図での電子移動の理解は次の章の理論的取扱いにはさらに重要性を増すことになる．

■問題 1.1
(1) 電子移動反応 D + A $\rightleftarrows$ D$^{•+}$ + A$^{•-}$ において，$E_{OX(D)} = 0.16$ V，$E_{RED(A)} = 0.08$ V (vs. SCE) としたとき，$\Delta G°_{ET}$ (eV単位) を計算せよ．
(2) 上記反応の25℃における平衡定数 K_{ET} を計算せよ（$R = 8.63 \times 10^{-5}$ eV K^{-1}）．

(3) 上記反応で初濃度 $[D]_0 = [A]_0 = 0.001$ M のときの $[A^{•-}]_e$ を計算せよ．また，$[A^{•-}]_e$ は $[A]_0$ の何％か？ M=mol L^{-1}.

(4) 上記反応で，$[D]_0$ のみ 0.01 M へ増加したとき，$[A^{•-}]_e$ は $[A]_0$ の何％になるか？

■**問題** 1.2 D + A $\rightleftarrows$ D$^{•+}$ + A$^{•-}$ の等モル混合溶液において平衡状態にある ($K=0.01$ と仮定) としたとき，定常平衡濃度 $[A^{•-}]_e$ は 1.0×10^{-5} M であった．この溶液にパルス状レーザー光を照射した直後に $[A^{•-}]$ の全濃度は 1.2×10^{-5} M に増大した．

(1) レーザー光照射直後の $K_{レーザー直後}$ を求めよ．

(2) レーザー光照射直後，A$^{•-}$ の全濃度は 1.2×10^{-5} M から $t=10$ μs で 1.12×10^{-5} M，$t=20$ μs で 1.05×10^{-5} M と減少した．レーザー光照射前の定常濃度へ戻る逆電子移動速度定数 (k_{BET}^{2nd}) を求めよ．

(3) レーザー光照射直後，$[A^{•-}]$ の全吸光度は吸収極大波長で 0.12 (光学セル長=1 cm) であった．吸収極大波長での $[A^{•-}]$ のモル吸光係数 (ε) を求めよ．

第2章

電子移動の基礎理論

2.1 電子移動（シフト）反応における Marcus 理論

前もって別の方法で電子を中性分子 M_1 に注入して $M_1^{\bullet-}$ を作製し，この電子を他の中性分子 M_2 へ移動させる電子移動反応は電子シフト反応（electron shift reaction）とよばれ，(2.1a) 式で表せる（速度定数を $k_{\text{e-shift}}{}^{2\text{nd}}$ とする）。M_1 の LUMO に注入された電子が M_2 の LUMO へシフトすることになり，この 2 つの LUMO エネルギーの差が $\Delta G°_{\text{ET}}$ となる（電子シフト反応も電子移動の一種なので，一般化するために $\Delta G°_{\text{ET}}$ を採用することもある）。

$$M_1^{\bullet-} + M_2 \xrightleftharpoons{k_{\text{e-shift}}{}^{2\text{nd}}} M_1 + M_2^{\bullet-} \tag{2.1a}$$

前もって M_1 の電子を引き抜いてホール（hole：h）を発生させ，その後，M_2 へホールをシフトする反応 (2.1b) では，$M_1^{\bullet+}$ の半空の HOMO へ M_2 の HOMO から電子がシフトすることになり，ホールはこれと逆の方向（$M_1^{\bullet+}$ から M_2 へ）でシフトしたことになる（速度定数は $k_{\text{h-shift}}{}^{2\text{nd}}$ とする）。これら 2 つの HOMO エネルギーの差が $\Delta G°_{\text{ET}}$ となり，M_2 の HOMO のエネルギーが高いと発エルゴン的になる．

$$M_1^{\bullet+} + M_2 \xrightleftharpoons{k_{\text{h-shift}}{}^{2\text{nd}}} M_1 + M_2^{\bullet+} \tag{2.1b}$$

Mが同位体（IsoM）などで区別できる場合には，化学的性質は同じなので電子交換反応（(2.2a) 式，electron exchange：e-exch）またはホール交換反応（(2.2b) 式，hole exchange：h-exch）となり，$\Delta G°_{ET}=0$ の等エネルギー反応となる．これらの反応は電子移動の理論的考察の出発点となっている．

$$\text{M}^{\bullet-} + {}^{Iso}\text{M} \xrightleftharpoons{k_{\text{e-exch2nd}}} \text{M} + {}^{Iso}\text{M}^{\bullet-} \tag{2.2a}$$

$$\text{M}^{\bullet+} + {}^{Iso}\text{M} \xrightleftharpoons{k_{\text{h-exch2nd}}} \text{M} + {}^{Iso}\text{M}^{\bullet+} \tag{2.2b}$$

図 2.1 に，反応 (2.1) 式の電子シフト過程に伴う電子雲の広が

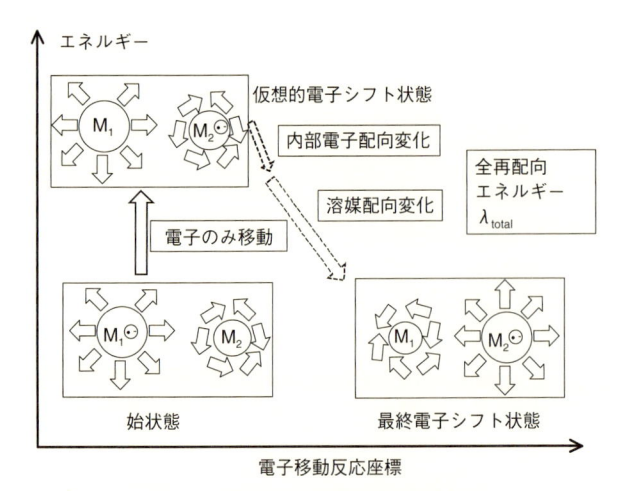

図 2.1　電子シフト過程の仮想的経過

M•⁻ は LUMO に電子が入っているので，HOMO にのみ電子が入っている M より大きい円で表してある．上向き矢印は溶媒の配向を変えずに電子のみの垂直ジャンプを示す．その後，斜め矢印のように溶媒の再配向変化と内部電子の再配向変化が徐々に起きて，最終電子シフト状態となる．

2.1 電子移動（シフト）反応におけるMarcus理論　39

りを円の大きさとして，溶媒和の過程を短い幅広矢印で模式的に示した [5,6].

実際は溶媒の双極子の配列で強く溶媒和された $M_1^{\bullet-}$ が溶媒和の弱い M_2 へ近づくと，$M_1^{\bullet-}$ の電子が M_2 へ移るとともに最終的に M_1 の溶媒の双極子の配列はランダムになり，代わりに $M_2^{\bullet-}$ が強く溶媒和される．

図2.1では，電子のみ移動する仮想的ステップを反応座標に対して垂直変化とし，その結果生成した仮想的電子シフト状態では，M_1 と $M_2^{\bullet-}$ の円の大きさも溶媒の双極子の向きや配置も原系と変え

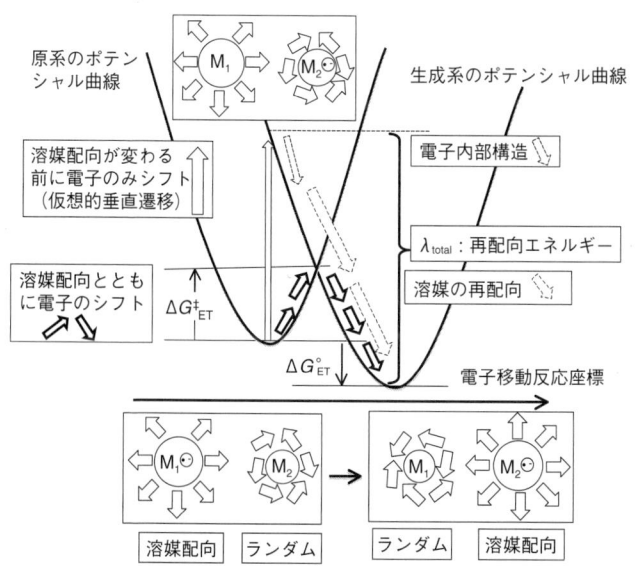

図2.2 電子シフト過程のポテンシャル曲線

ポテンシャル曲線が原系と生成系で同じ広がり（開口度）をもった放物線で近似できるとして，$y=\lambda x^2$ と $y=\lambda(x-1)^2+\Delta G°_{ET}$ の交点から (2.3a) 式が求められる（$\Delta G°_{ET}$ が負の値の例を図示してある）．より一般な電子移動反応に関しては図2.6を参照．

ずに表してある．この状態はエネルギー的に不安定なので，その後，この仮想的状態から反応経過とともに電子的な内部構造と溶媒和が $M_2^{•-}$ を安定化するように変化して，最終的に $M_2^{•-}$ の円が大きくなりかつ適正な溶媒配向によって溶媒和されるが，M_1 の円は小さくなりかつ溶媒はランダムになるとした．この仮想的状態から $M_2^{•-}$ が安定化するために起きる電子的な内部構造と溶媒の変化を全再配向エネルギー（λ_{total}）と定義する．電子的内部構造の変化を内部再配向エネルギー（λ_{inner}），溶媒和を外部再配向エネルギー（λ_{outer}）とし，両者の和が λ_{total} となる．

反応（2.1a）式の電子シフトの原系（$M_1^{•-}+M_2$）と生成系（$M_1+M_2^{•-}$）のポテンシャル曲線を同じ広がりをもつ放物線によって近似

コラム 9

断熱的および非断熱的相互作用

原系のポテンシャル曲線と生成系のポテンシャル曲線の交差の仕方は D と A の電子的カップリングの大きさ（V, 相互作用の強さ）に依存して断熱的遷移状態と非断熱的遷移状態とに分けられる．V の大きい断熱的ポテンシャル曲線では原系から強い相互作用で低下した遷移状態を経て高い確率で生成系へ移行することができるので速度は一般に速い．一方，V が小さい非断熱的な遷移状態では原系のポテンシャル曲線に沿った交点に相当する遷移状態を生成系へ移行するが，このとき遷移状態を通過してしまったり原系に戻ったりするので，遷移状態を超える確率も比較的低くなり速度は遅くなる．

連結分子（D–sp–A）では sp が短いときは V が大きく，長いときは V が小さい．sp の長さが一定のときには，sp 鎖を通じた D と A の間の共役が大きいときは V が大きく，小さいときは V が小さい．

Marcus 理論は，非断熱的であるがある程度の大きさの V をもつ電子移動系

できるとすると,図2.2のように表せる.反応は太枠の短い矢印によって示されるように,原系からポテンシャル曲線の交差点である遷移状態をスムーズに超えて生成系へ移っていくことができる(このときのポテンシャル曲線の交差と遷移状態の関連は非断熱的相互作用を前提としている.詳細はコラム9参照).図2.2のλ_{total}が放物線の広がり(開口度)に相当するので,この反応の活性化エネルギー$\Delta G^{\ddagger}{}_{ET}$は放物線の生成系の最小値である$\Delta G°_{ET}$を変数とし,(2.3a) 式のようになる.

$$\Delta G^{\ddagger}{}_{ET} = \frac{(\Delta G°_{ET} + \lambda_{total})^2}{4\lambda_{total}} \tag{2.3a}$$

したがって,速度定数(k_{ET})は (2.3a) 式を Arrhenius の式((1.11a)

から,断熱的であるが遷移状態の安定化が大きくない電子移動系まで,実験的に電子移動速度が$\Delta G°_{ET}$に依存する電子移動系に幅広く適用できる.

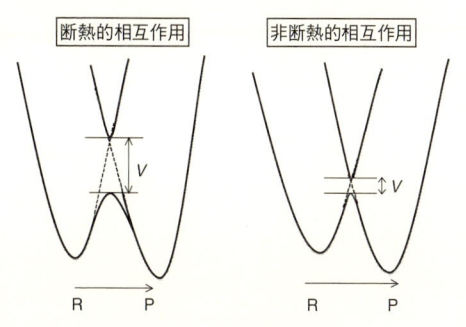

ポテンシャル曲線の交点

Vが大きい場合(左:断熱的反応の遷移状態の様子)とVの小さい場合(右:非断熱的反応の遷移状態の様子)[2].

式) に代入すると，(2.3b) 式のように $\Delta G°_{ET}$ と λ_{total} の関数として表すことができる．

$$k_{ET} = A \exp\left[-\frac{(\Delta G°_{ET} + \lambda_{total})^2}{4\lambda_{total} RT}\right] \tag{2.3b}$$

ここで，A は頻度因子を表す．

原系と生成系のポテンシャル曲線の交点の様子を図2.3に示した．吸エルゴン反応から右にいくに従って $\Delta G‡_{ET}$ が減少し，等エネルギー反応になると (2.3a) 式から $\Delta G‡_{ET} = \lambda_{total}{}^2/4$ となり，

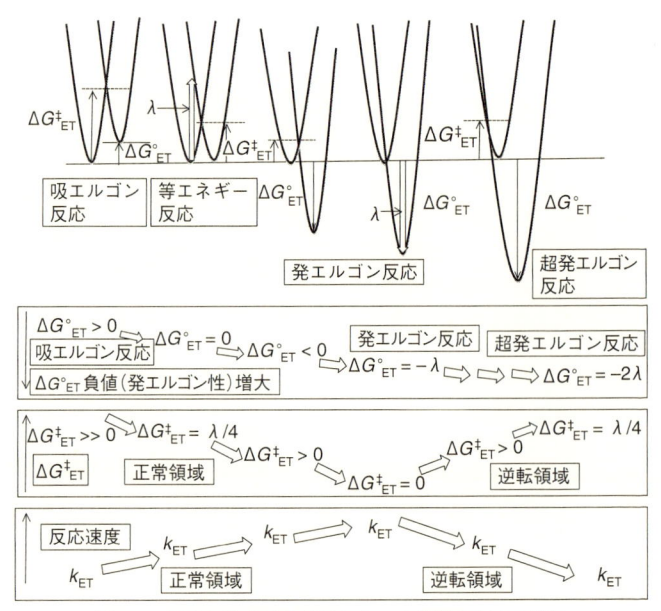

図2.3 原系と生成系のポテンシャル曲線の交点の様子

λ_{total} を λ と略記し，$\lambda < -\Delta G°_{ET}$ の範囲を超発エルゴン反応とした．この図は電子シフト以外にも他の多くの電子移動反応に原理的に適用できるので，$\Delta G°_{ET}$，$\Delta G‡_{ET}$，k_{ET} を用いた．

$\lambda_{\text{total}}=1$ eV とすると $\Delta G^{\ddagger}_{\text{ET}}=0.25$ eV となるが, $\lambda_{\text{total}}=2$ eV では $\Delta G^{\ddagger}_{\text{ET}}=1$ eV と急増する. この等エネルギー反応の典型例は電子交換(ホール交換)反応である.

さらに発エルゴン性が増大すると, $\Delta G^{\ddagger}_{\text{ET}}$ は減少して, 生成系のポテンシャル曲線が原系の最小値を通過すると $\Delta G^{\ddagger}_{\text{ET}}=0$ で, $-\Delta G^{\circ}_{\text{ET}}=\lambda_{\text{total}}$ となる. さらに発エルゴン性が増大し, 生成系のポテンシャル曲線が原系のポテンシャル曲線の左側と交差すると $\Delta G^{\ddagger}_{\text{ET}}$ はふたたび増加する.

この $\Delta G^{\circ}_{\text{ET}}$ に伴う $\Delta G^{\ddagger}_{\text{ET}}$ の変化を (2.3b) 式における速度の変化でみると, 発エルゴン性の増大に伴って速度は増大し, $-\Delta G^{\circ}_{\text{ET}}=\lambda_{\text{total}}$ において $\Delta G^{\ddagger}_{\text{ET}}=0$ であるので速度は最大となり, さらに発エルゴン性が増大すると $\Delta G^{\ddagger}_{\text{ET}}$ はふたたび増加するので速度は低下し始める. この発エルゴン性の増大に伴って速度が増大する直線自由エネルギー関係の成立する範囲を正常領域とよぶのに対して, 速度が低下する範囲は Marcus の逆転領域とよばれている [5,6].

2.2 連結分子内の電子シフト反応

電子のやり取りをする M_1 と M_2 を図 2.4 に示すように剛直な骨格をもつステロイド骨格をスペーサー (spacer: sp) として固定した一連の二元連結分子系 (M_1-sp-M_2) を合成し, その電子シフト反応速度を調べると, 反応は一次速度式で解析でき, 溶液中の M_1 と M_2 の拡散の影響を排除できる [7]. (2.4) 式のような電子シフト反応は低温溶媒中において, パルスラジオリシス法で電子をこの分子系に注入して, 生成した $M_1^{\bullet-}$ の吸収帯の減衰速度から, 連結分子内電子シフト反応の一次反応速度定数 ($k_{\text{e-shift}}^{\text{1st}}$) を求めることができる.

$$M_1^{\bullet-}\text{-sp-}M_2 \xrightleftharpoons{k_{\text{e-shift}}^{\text{1st}}} M_1\text{-sp-}M_2^{\bullet-} \tag{2.4}$$

この反応では,溶媒として電子を放出しやすい MeTHF を使用し,M_1 としてビフェニル基を採用した.(ビフェニル)$^{\bullet-}$ は可視部に鋭い吸収帯をもっているので,M_2 はそのラジカルアニオンの吸収帯がビフェニルのラジカルアニオンの吸収帯と重なりが少ないこと,および E_{RED} の値などを基準に注意深く選ばれている.一定の M_1 に対して M_2 を種々に変えて $\Delta G°_{\text{ET}}$ ($=\Delta G°_{\text{e-shift}}$) を広範囲に変化させて得られた $k_{\text{e-shift}}^{\text{1st}}$ の対数プロットを図 2.4 に示した.

$\Delta G°_{\text{e-shift}}=0$ の等エネルギー反応から $\Delta G°_{\text{e-shift}}\approx-1.0$ eV 付近の発エルゴン反応の範囲で $k_{\text{e-shift}}^{\text{1st}}$ が増大する正常領域が見られた.$\Delta G°_{\text{e-shift}}\approx-1.2$ eV で $k_{\text{e-shift}}^{\text{1st}}$ の極大を示し,さらに $\Delta G°_{\text{e-shift}}$ がより負の範囲で $k_{\text{e-shift}}^{\text{1st}}$ は減少する逆転領域が見られた.$k_{\text{e-shift}}^{\text{1st}}$ の極大

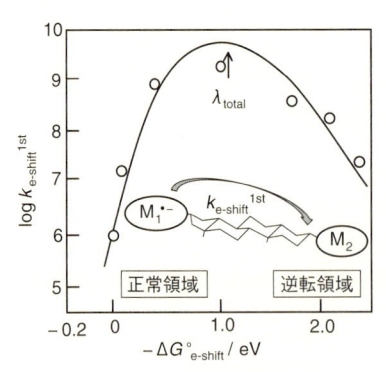

図 2.4 M_1-sp-M_2 の電子シフト反応の Marcus プロット
M_1 としてビフェニル基を採用したので,ほぼ同じ E_{RED} をもつ M_2=ナフチル基で等エネルギー反応となり(ビフェニル)$^{\bullet-}$ の減衰時間は約 1 μs と遅く,$\Delta G°_{\text{e-shift}}=-\lambda_{\text{total}}$ 付近(M_2=ピレニル基)では反応は 1 ns 程度で 1,000 倍も速い.さらに $\Delta G°_{\text{e-shift}}$ が 1 eV ほど負の方向へ増加すると(M_2=p-ベンゾキノン類),反応は 1/10 以下に遅くなる.([7] のデータから作成).

値の $\Delta G°_{\text{e-shift}}$ が $-\lambda_{\text{total}}$ に対応することになり，λ_{total} を実験的に求めることができる．

電子移動反応の λ_{total} の値が実験的に求められると，別途の測定値から推算可能な $\Delta G°_{\text{ET}}$ と合わせて，$\Delta G^‡_{\text{ET}}$ が (2.3a) 式から計算できる．一方，電子移動反応速度の温度変化から $\Delta G^‡_{\text{ET}}$ は Arrhenius 式 ((1.11a) 式) を用いて実験的に求めることができるので，(2.3a) 式に $\Delta G°_{\text{ET}}$ と $\Delta G^‡_{\text{ET}}$ を代入すると限られた少ない測定値から λ_{total} の値を求めることも可能である．(2.3b) 式は温度変化によって1組の反応で λ_{total} の値を求めることができる利点はあるが，溶媒の粘性が変化するので，実験は電子移動反応より速く溶媒が再配向する温度範囲に限定される．

連結分子においては，(2.3b) 式の A 因子は電子移動に含まれる D–A の間のスペーサー (sp) の電子的カップリング (V) に依存する．この V は反応 (2.4) 式において sp が M_1 から M_2 へ電子を伝える能力に対応する．一般に，sp が π 電子系ならば V は大きな値で電子を遠くまで，かつ速く伝える能力があり，σ 電子系なら V は小さく，電子を伝える能力は小さくかつ近距離に限定される．図 2.4 中に示したステロイド骨格を sp とした反応 (2.4) 式では，V は M_1 の π 電子系の比較的低い LUMO の電子がステロイド骨格の σ 電子系のかなり高い LUMO へジャンプして電子伝達性の低い σ 結合を通って π 電子系の M_2 の低い LUMO へ到達する機構が考えられる．実際は図 2.4 のベル形曲線の頂点位置付近で $k_{\text{e-shift}}^{\text{1st}}$ は $10^9\,\text{s}^{-1}$ であり，同程度の分離距離の π 電子系の sp と比較するとかなり遅いことになる．それでも，10 Å 程度の σ 電子系の分離距離としてはかなり速いので，$M_1^{•-}$ の電子がステロイド骨格の σ 電子の LUMO の高い障壁を超えることなくトンネル効果で伝わる可能性も議論されている（トンネル効果についてはコラム 10 を参照）．

2.3 溶液中の分子間ホールシフト反応

溶液中でどちらも自由に拡散している M_1 と M_2 の間の反応で逆転領域が観測される条件としては、λ_{total} が小さい M_1 と M_2 の組合せが必要であり、さらに $-\lambda_{total}$ より高い超発エルゴン性を有する組合せが確保できること、加えて溶媒粘性が低く拡散速度が十分大きいことなどが考えられる。フラーレンなどの無極性の巨大球状分子では λ_{total} が小さいことが理論的にも実験的にも確認されている。したがって、ホールシフト反応で M_2 として高次フラーレン類のひ

コラム 10

電子移動とトンネル効果

原系のポテンシャル曲線と生成系のポテンシャル曲線の交差点に対応するエネルギー障壁が非常に高く、それを超えては電子移動が起こり難いときには、トンネル効果によってエネルギー障壁の中途からの電子の移動がしばしば起こると考えられている。一般的なトンネル効果は図 a で表せ、エネルギー障壁を透過する率は V_0-E_T に比例し V_0 と W に反比例して、一部が透過し残りの大部分が反射される（V, E_T, W は図 a の説明文を参照）。

電子シフト反応（2.4）式ではスペーサー（sp）の σ^* のエネルギーが $M_1^{\bullet -}$ の LUMO に比べて非常に高く、σ^* を経由して M_2 の LUMO に到達することはほぼ不可能であるので、トンネル効果で電子が移ると考えられる（図 b）。

図 2.2 でポテンシャル曲線の交差点であった $\Delta G^{\ddagger}_{ET}$ は V_0 に相当し、E_T と一定の比例関係があるので Marcus 理論から導かれた（2.4）式は適用できると考えられている。このことは他の電子移動や化学反応にも適用できる [2]。

とつである C_{76}（D_2 異性体）を採用し，M_1 として多環芳香族炭化水素（PAH）を広い領域の $\Delta G°_{\text{h-shift}}$ の測定が可能なように選び（(2.5) 式），それらの $k_{\text{h-shift}}{}^{\text{2nd}}$ を測定して図 2.5 のようにプロットする [8].

$$\text{PAH}^{•+} + \text{C}_{76} \xrightleftharpoons{k_{\text{h-shift}}{}^{\text{2nd}}} \text{PAH} + \text{C}_{76}{}^{•+} \tag{2.5}$$

この球状 C_{76} の関与するホールシフト反応では，$\log k_{\text{h-shift}}{}^{\text{2nd}}$ は $\Delta G° = -0.4\,\text{eV}$ 付近でピークを示し，さらに負の $\Delta G°_{\text{h-shift}}$ で $\log k_{\text{h-shift}}{}^{\text{2nd}}$ が減少する逆転領域が観察されている（$\lambda_{\text{total}} = 0.4\,\text{eV}$）．この値は

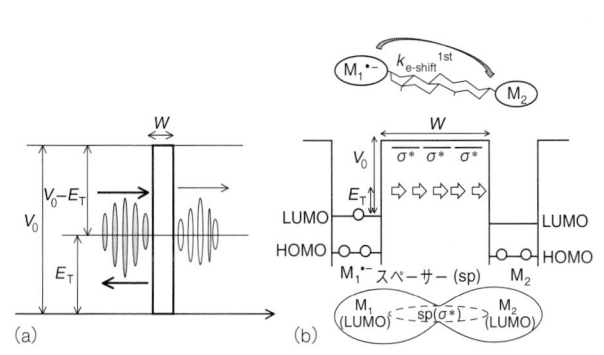

トンネル効果と電子シフト反応のエネルギー図

(a) 一般的なトンネル効果で，左から電子波動がエネルギー障壁の高い壁に衝突したときに一部が壁をすり抜ける（V_0 はエネルギー障壁の高さ，E_T はトンネルエネルギーの高さ，W はエネルギー障壁の壁の厚さ）．

(b) 電子シフト反応（$M_1{}^{•-}$–sp–$M_2 \to M_1$–sp–$M_2{}^{•-}$）のエネルギー図（V_0 はポテンシャル曲線の交差点（$\Delta G^{\ddagger}_{\text{ET}}$）に対応し，$W$ は σ 結合の長さに対応する）．M_1 と M_2 の LUMO に sp の σ* が混合して波動関数の裾が伸び，電子トンネル透過を促進する（超交換機構ともよばれている）．

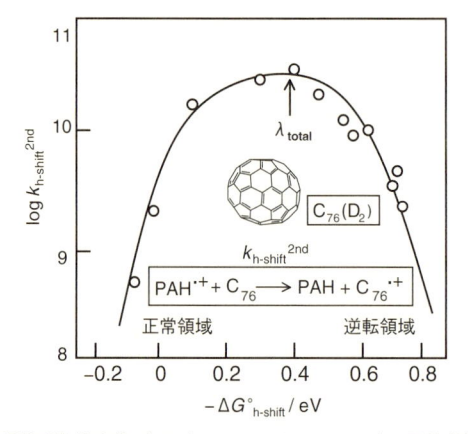

図 2.5 多環芳香族化合物（PAH）の PAH$^{•+}$から C$_{76}$（D$_2$ 異性体）へのホールシフト反応速度定数（$k_{\text{h-shift}}^{\text{2nd}}$）

粘性の低い CH$_2$Cl$_2$ 溶液（粘度 ≈0.4 mPa）を放射線照射して生成した (CH$_2$Cl$_2$)$^{•+}$から PAH$^{•+}$を生成し，拡散して C$_{76}$ との衝突で起こる反応でも逆転領域が観測されている．[8] のデータから模式化して作成）.

芳香族化合物どうし，あるいはベンゾキノン類との組合せ（たとえば (2.4) 式）で得られている λ_{total}（約 1.2 eV）と比較すると，予想どおり小さい [8].

2.4 溶液中の電子移動反応（D＋A $\rightleftarrows$ D$^{•+}$＋A$^{•-}$）の Marcus 理論

中性分子 D と A の衝突間に起こる電子移動反応よって D$^{•+}$と A$^{•-}$が生成し，それらが溶媒和される様子を模式的ポテンシャル曲線で図 2.6 に示した．中性分子 D と A に極性官能基（＞C＝O，－C≡N など）があるときには原系と生成系で放物線の開口度の違い（a）は小さいが，極性官能基がないときにはこの差は顕著になると思わ

2.4 溶液中の電子移動反応（D+A⇄D•++A•−）のMarcus理論　49

れる．

　中性分子DとAの弱い溶媒和に対応してポテンシャル曲線の放物線の開口度は大きくなり（$a<1$），一方，生成系のポテンシャル曲線は電荷の偏りが明確なD•+とA•−の強い溶媒和に対応して放物線の開口度は小さくなる（$a>1$）．

　図2.6の電子移動反応（D+A⇄D•++A•−）において，生成系の放物線を上下させると，原系の放物線は変化がなだらかなので，$\Delta G°_{ET}$に対する$\Delta G^‡_{ET}$の変化は図2.2に比べれば少なくなり，$\log k_{ET}$

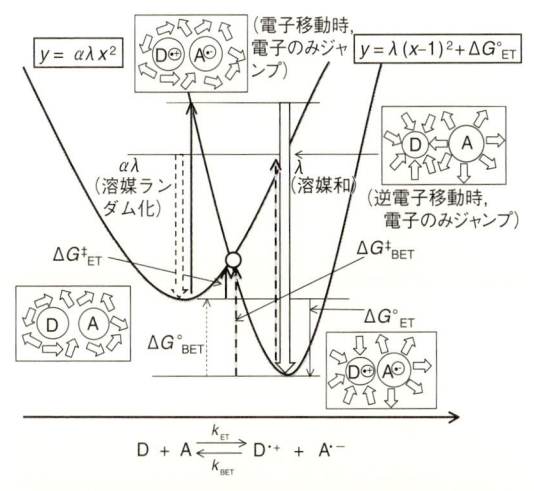

図2.6　原系と生成系の放物線の開口度が異なるときの図

$a<1$および$\Delta G°_{ET}<0$の一例を図示した．上向きの矢印は電子ジャンプ，下向き矢印は再配向（実線は順反応，点線は逆反応）．逆電子移動反応は右から左への動きに対応する（$\Delta G°_{BET}=-\Delta G°_{ET}$）．このときの溶媒のランダム化（右上の溶媒和から左下の溶媒和）が$a\lambda_{total}$（$a<1$）に相当し，順反応のλ_{total}（左上の溶媒和から右下の溶媒和）とは放物線の開口度（a）の差だけ異なるが，その違いは内部電子構造の再配向の差による．連結分子D-sp-A→D•+-sp-A•−においても同じである（$a\to1$においてはロピタルの定理を適用して（2.3a）式を得る）．

に対するベル形曲線も幅広くなると予想される．しかし，分子間の反応では発エルゴン性の領域で拡散律速になりやすいことがあるため，厳密な実験的比較の例は少ない．

D–sp–A→D•+–sp–A•−においても λ_{total} を超えてさらに発エルゴン性になるようなDとAの組合せはまれであることなどのため，実証された例は少ない．

逆電子移動反応 D•++A•−→D+A においては正常領域では発エルゴン性とともに $\log k_{BET}$ は $\alpha \approx 1$ とほぼ同程度の増加を示し，λ_{total} において極大を示したのち，λ_{total} を超えてさらに発エルゴン性が増大すると，原系と生成系のポテンシャル曲線が交差しなくなることもありうるので，注意が必要である．電子移動一般にもこれらの差異を考慮して，基本的に（2.3a）および（2.3b）式を適用し，必要に応じて補正を加えることになる．

逆電子移動反応（D•++A•−→D+A）は光誘起電子移動の逆反応として研究例が報告されているので，第3章で記述する．

2.5　再配向エネルギーの推算法

図 2.2 からわかるように λ_{total} には内部電子構造の項（λ_{inner}）と溶媒構造による項（λ_{outer}）が含まれる（(2.6) 式）．

$$\lambda_{total} = \lambda_{inner} + \lambda_{outer} \tag{2.6}$$

λ_{inner} や λ_{outer} を理論的に推算する方法も提案されている．たとえば，反応式（D+A→(D•+, A•−)）のイオン対生成において λ_{outer} は溶媒和エネルギーであり，連続誘電体モデルに基づいて (2.7) 式で与えられる（ε_0：真空誘電率，R_D, R_A：半径，R_{D-A}：中心間距離）．

$$\lambda_{\text{outer}} = \frac{e^2}{4\pi\varepsilon_0}\left(\frac{1}{2R_\text{D}} + \frac{1}{2R_\text{A}} - \frac{1}{R_\text{D-A}}\right)\left(\frac{1}{n^2} - \frac{1}{\varepsilon_\text{s}}\right) \tag{2.7}$$

この式では，λ_{outer} の値は通常の大きさ（3〜4 Å）の分子およびラジカルイオンでは 1.0〜1.5 eV で，溶媒の屈折率（n）と静的誘電率（ε_s）に依存する．分子の径に反比例するのでフラーレンのような大きな分子では λ_{outer} の値は小さくなる．

一方，λ_{inner} の式は振動項に対する調和振動子モデルに基づいて(2.8a) 式および (2.8b) 式で与えられる．

$$\lambda_{\text{inner}} = \sum_i \left(\frac{f_i^\text{R} f_i^\text{P}}{f_i^\text{R} + f_i^\text{P}}\right)\Delta q_i \tag{2.8a}$$

$$\Delta q_i = |q_i^\text{P} - q_i^\text{R}| \tag{2.8b}$$

ここで Δq_i は反応前（反応物；R）と反応後（生成物；P）の i 番目の結合距離の変化で，f_i^R と f_i^P は反応前後の i 番目の結合の振動の力定数を表す．中性分子からラジカルイオンの変化に伴う構造変化の小さい場合の λ_{inner} の典型的な値は 0.1〜0.2 eV 程度である．

2.6 溶液中の金属イオンおよび電極反応

金属錯イオン（$M_1{}^{n+}L_m$）から他の種類の金属錯イオン（$M_2{}^{n+}L_m$）へ電子が移動する反応 (2.9) 式でも原系と生成系の溶媒の再配向はほぼ同じプロセスで起きると考えられるので，原系と生成系のポテンシャル曲線はほぼ同型の放物線によって表され，Marcus 理論を適用できる．

$$M_1{}^{n+}L_m + M_2{}^{n+}L_m \underset{k_{\text{BET}}}{\overset{k_{\text{ET}}}{\rightleftarrows}} M_1{}^{(n+1)+}L_m + M_2{}^{(n-1)+}L_m \tag{2.9}$$

ただし，金属錯イオン特有な内圏型電子移動や外圏型電子移動が

あり，それによって溶媒の再配向過程の速さや λ_{total} の大きさも異なってくる．加えて，金属イオンへ配位する溶媒と配位しない溶媒があることも考慮しなければならない（金属イオンの電子状態についてはコラム 11 を参照）．

金属錯イオン（$M^{n+}L_m$）とDとの間の電子移動（(2.10a) 式）および金属錯イオン（$M^{n+}L_m$）とAとの間の電子移動（(2.10b) 式）の反応例も多い．電子移動に伴って金属錯イオン（$M^{n+}L_m$）の中心金属イオンの電荷が増減する場合にはホールシフトや電子シフトと同様に考えることもできる．金属ポルフィリンや金属フタロシアニ

コラム 11

金属錯イオンの電子状態

金属錯イオン（$M^{n+}L_m$）においても，電子移動は重要である．例として中心金属イオンにd電子（○）が5個あり，配位子（L_m）の電子（○）が10個ある場合の分子軌道を示す．━━は寄与大，----は寄与小．3種類の光遷移（M^{n+}←L，M^{n+}→$(M^{n+})^*$，M^{n+}→L）があり，光で誘起される電子移動の経路も異なることになる（第3章参照）．

中心金属のd軌道に不対電子が存在する金属錯体イオンの基底状態の電子移動では，電子移動に伴って中心金属イオンの価数変化を伴うことになる．D存在下で（$M^{n+}L_m$）が電子を受容する場合には，最低エネルギーの半空のd軌道に電子が入り，M^{n+}は$M^{(n-1)+}$となる．Aとの電子移動も最高エネルギーのd軌道からAへの電子移動が可能で，M^{n+}から$M^{(n+1)+}$の変化である．

周辺のπ電子系が大きい金属ポルフィリン類や金属フタロシアニン類でのHOMOとLUMOは主に周辺のπ電子系からの寄与が大きいので，芳香族分子と同様に考えることができる．それゆえ，中心金属の価数の変化は重要でない場合が多い [2]．

ンでは，周辺の巨大な π 電子系との電子のやり取りが主で，中心金属イオンの電荷に影響を与えない場合もある．いずれにしても Marcus 理論が適用できる．

$$\mathrm{M}^{n+}\mathrm{L}_m + \mathrm{D} \underset{k_{\mathrm{BET}}}{\overset{k_{\mathrm{ET}}}{\rightleftarrows}} \mathrm{M}^{(n-1)+}\mathrm{L}_m + \mathrm{D}^{\bullet+} \tag{2.10a}$$

$$\mathrm{M}^{n+}\mathrm{L}_m + \mathrm{A} \underset{k_{\mathrm{BET}}}{\overset{k_{\mathrm{ET}}}{\rightleftarrows}} \mathrm{M}^{(n+1)+}\mathrm{L}_m + \mathrm{A}^{\bullet-} \tag{2.10b}$$

電極反応では電子移動の相手が電極（または電極二重相）であるので，(2.11a) と (2.11c) 式は酸化過程，(2.11b) と (2.11d) 式

金属錯イオンの分子軌道

は還元過程である．電極（または電極二重相）周りの溶媒の再配列は溶液中の分子レベルと比べると電極反応前後で変化しないものと考えられるので，λ_{total}の値は反応（2.1）式や反応（2.2）式の約半分になると予想される（コラム3を参照）[3]．

$$D + 電極 \rightleftarrows D^{\bullet+} + 電極(e^-) \tag{2.11a}$$

$$A + 電極(e^-) \rightleftarrows A^{\bullet-} + 電極 \tag{2.11b}$$

$$M^{n+}L_m + 電極 \rightleftarrows M^{(n+1)+}L_m + 電極(e^-) \tag{2.11c}$$

$$M^{n+}L_m + 電極(e^-) \rightleftarrows M_2^{(n-1)+}L_m + 電極 \tag{2.11d}$$

2.7 まとめ

通常の有機分子の置換反応の直線自由エネルギー関係に基づくHammett（ハメット）則は，ベンゼン環の置換基を電子求引性から電子供与性の間で$\Delta G°$を狭い範囲で変えていることになり，反応のポテンシャル曲線の交差の仕方は図2.3の左の3つのタイプに限られているので「正常領域」の理論であった．さらに幅広く変化させると，反応のタイプが変わってしまって比較できないことも多い．また，複雑な有機分子を構成している結合エネルギーの変化から反応の$\Delta G°$を正確に計算することも容易ではないし，反応速度の絶対値を測定することも困難な場合が多いなどの事情もあって，$\Delta G°$と反応速度の直接的な相関を調べた例も少ない．したがって，限られた範囲の相対反応速度定数と相対平衡定数（別の典型的平衡反応の平衡定数）との相関の議論が中心になっている（コラム4を参照）．

一方，電子移動は通常の化学反応と同じように非断熱的な遷移状

態を経由して反応が起きる範囲においては（非断熱的な遷移状態については コラム 9 を参照），反応の相手を幅広く選んでも電子移動反応のメカニズムが変わることは比較的少ないので，$\Delta G°_{ET}$ を正の値から負の値まで大きく変化させることができるため，図 2.3 の右端の反応のポテンシャル曲線の交差の仕方が可能になり「Marcus の逆転領域」が現れやすくなったと考えられる．電気化学的手法からかなりの精度で $\Delta G°_{ET}$ が計算されることや，反応速度の絶対値がパルス法などによって比較的正確に決定できることも電子移動理論を構築するのに重要な役割を果たしている．しかし，$\Delta G^{\ddagger}_{ET}$ を求める反応 (2.4) 式は理想的なポテンシャル曲線として同一の放物線の交差から求められているが，実際の反応は放物線で単純には近似できない場合もあるし，電子移動のタイプによってさらに放物線の開口度が異なってくるので，(2.3) 式からのずれも常に考慮しなければならない．

さらに，溶液中の D と A の組合せや連結分子の連結状態によっては断熱的な遷移状態を経る電子移動も多数あるので，この場合には Marcus 理論の考え方が直接には適用できないので注意が必要である（コラム 9 を参照）．現在，溶媒中で半導体電極表面の吸着した色素との電子移動に基づく太陽電池や薄膜状態の電子移動に基づく太陽電池でも，Marcus 理論の考え方が直接には適用できないので注意が必要である（コラム 15 参照）．別の観点からは，生体内電子移動を含めて，多様な系での新しい電子移動理論が待望されていることになる．

■問題 2.1
(1) $y = \lambda x^2$ と $y = \lambda(x-1)^2 + G$ の交点を求めよ．
(2) $G = 0$ のときの交点を求めよ．

(3) $G=-\lambda$ のときの交点を求めよ.
(4) $G=-2\lambda$ のときの交点を求めよ.

■問題 2.2
(1) $y=a\lambda x^2$ と $y=\lambda(x-1)^2+G$ の交点を求めよ.
(2) 上式で $a\to 1$ のときの交点が,問題 2.1 の (1) と同じになることをロピタルの定理を用いて確認せよ.
(3) $\lambda=1$ として,a を 0.7~1.2,G を 0~-2 に変えて交点を求め,y 値を $G^{\ddagger}$ として,$\ln k$ と G のベル形曲線の傾向を見よ.

■問題 2.3
アセトニトリル中 ($n=1.3$, $\varepsilon_s=37.5$) の λ_{total} を D 分子の半径 $=2$~4 Å,A 分子の半径 $=3$~5 Å,D 分子と A 分子の中心間距離 $=6$~10 Å に変えて求めて,それぞれの傾向を見よ (eV 単位).

■問題 2.4
Marcus の逆転領域を証明するための実験的な条件を整理せよ.

第3章

光誘起電子移動

3.1 電子供与体と電子受容体の混合系

3.1.1 分子軌道による表現

基底状態でDにAを混合するだけで電子移動によってD$^{•+}$とA$^{•-}$を生成するには，HOMO$_{(D)}$レベルが高く，LUMO$_{(A)}$レベルが低くかつ極性溶媒が十分D$^{•+}$とA$^{•-}$を安定化して，$\Delta G°_{ET}$＜0にする必要があった．それに対して，DまたはAを光励起してHOMOの電子1個をLUMOへ励起して励起状態D*またはA*にすると，$\Delta G°_{ET}$＜0の条件になり，電子移動を容易にひき起こすことができる．

図3.1ではDの光照射（$h\nu_{(D)}$）でHOMO$_{(D)}$からLUMO$_{(D)}$へ1電子励起して（EX：excite，励起エネルギー：$E_{EX(D)}$），LUMO$_{(D)}$の電子をLUMO$_{(A)}$へ移すことができる（(3.1a)式）．このLUMO$_{(D)}$とLUMO$_{(A)}$間の電子移動のエネルギー差を$\Delta G°_{ET(D*)}$とすると，HOMO$_{(D)}$からLUMO$_{(A)}$への電子移動（$\Delta G°_{ET}$）と$E_{EX(D)}$との差になり，D励起による光誘起電子移動によってD$^{•+}$とA$^{•-}$が生成する反応に対する自由エネルギー変化（$\Delta G°_{ET(D*)}$）は，(3.1b)式によって与えられる．電子移動直後にラジカルイオン対が生成し，極性溶媒中でフリーラジカルイオンになることは第2章と同じである．

$$\mathrm{D}^* + \mathrm{A} \xrightarrow{k_{ET(D*)}} \mathrm{D}^{•+} + \mathrm{A}^{•-} \xrightarrow{k_{BET}} \mathrm{D} + \mathrm{A} \qquad (3.1a)$$

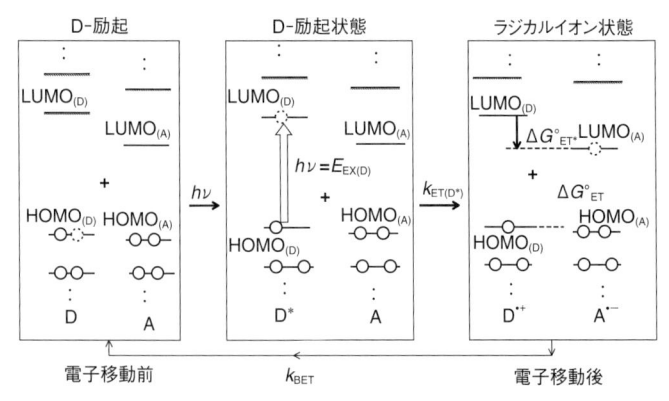

図3.1 Dを光励起して起きる光誘起電子移動過程の分子軌道表現
LUMO(A)がLUMO(D)よりエネルギー準位が低いとき光誘起電子移動は発エルゴン的に起きる.

$$E_{\text{EX(D)}} = \Delta G°_{\text{ET}} - \Delta G°_{\text{ET(D*)}} \quad \text{または}$$
$$-\Delta G°_{\text{ET(D*)}} = E_{\text{EX(D)}} - \Delta G°_{\text{ET}} \quad (3.1b)$$

光誘起電子移動反応は$\Delta G°_{\text{ET(D*)}}$に支配され,第1章の$-\Delta G°_{\text{ET}}$はむしろ$D^{•+}+A^{•-}$からD+Aへ戻る逆電子移動を決める因子となり,ラジカルイオン(radicalion:RI)のエネルギー(ΔE_{RI})と等しい.

一方,図3.2ではAの光照射でHOMO(A)からLUMO(A)へ1電子励起すると($E_{\text{EX(A)}}$),半占のHOMO(A)へHOMO(D)から1電子が移って,$A^{•-}$と$D^{•+}$が生成する反応が起きる((3.2a)式).その反応で生成したラジカルイオンの電子配置はD励起からのものと同じであるが,その履歴をたどると,D励起から生成した$A^{•-}$ではそのLUMO(A)の電子はHOMO(D)からのものであったのに対して(図3.1),A励起から生成した$A^{•-}$ではそのHOMO(A)の電子のうち1個がHOMO(D)から移ってきたものである.このときの$\Delta G°_{\text{ET(A*)}}$は

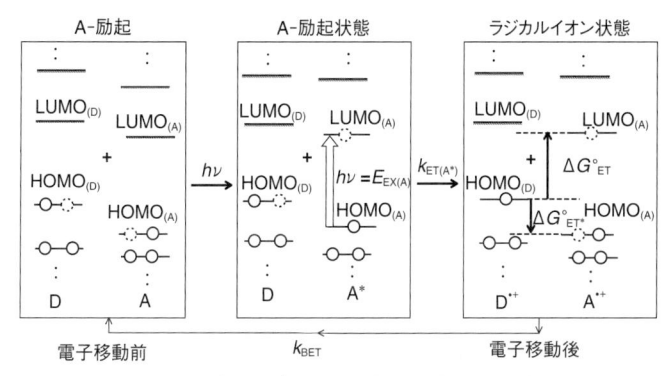

3.1 電子供与体と電子受容体の混合系

図3.2 Aを光励起して起きる光誘起電子移動の分子軌道表現
HOMO$_{(D)}$がHOMO$_{(A)}$よりエネルギー準位が低いとき発エルゴン的となる.

(3.2b) 式のように D を励起するか A を励起するかで $E_{EX(D)}$ と $E_{EX(A)}$ の違いはあるが,そのほかは (3.1b) 式と同じである.

$$D + A^* \xrightarrow{k_{ET(A^*)}} D^{\bullet+} + A^{\bullet-} \xrightarrow{k_{BET}} D + A \tag{3.2a}$$

$$E_{EX(A)} = \Delta G°_{ET} - \Delta G°_{ET(A^*)} \text{ または}$$
$$-\Delta G°_{ET(A^*)} = E_{EX(A)} - \Delta G°_{ET} \tag{3.2b}$$

ここで,$E_{EX(D)}$ や $E_{EX(A)}$ は吸収スペクトルと蛍光スペクトルの 0→0 遷移から求められる最低励起エネルギーである.励起波長が第二励起状態やさらに高次励起状態に対応していたとしても,多重項が同じであると励起状態間の緩和が分子間電子移動より速いので,いったん最低励起状態に緩和したのちに光誘起電子移動が起きる.分子間電子移動の相手の濃度が低いときには,励起一重項状態からエネルギーの低い励起三重項状態への項間交差(intersystem crossing: ISC)が電子移動より先に起きる.そのときには,$E_{EX(D)}$ や $E_{EX(A)}$ と

して励起三重項状態のエネルギーを採用することになる.励起三重項状態のエネルギーは,その分子がりん光を発するときにはそのスペクトルから求めることができる.りん光を発しない分子の場合には,既知の分子との励起三重項状態のエネルギー移動の測定から推算することが可能になる(エネルギー移動については3.4節参照).

3.1.2 ポテンシャル曲線による表現

光誘起電子移動の全体像を理解するには,図3.3のような反応のポテンシャル曲線による表現が適している.DまたはAの基底状態のエネルギーレベルが$D^{•+}$と$A^{•-}$のエネルギー準位より低くても,光照射して生じた最低励起状態D^*またはA^*のエネルギー準位は($D^{•+}+A^{•-}$)のエネルギー準位より高く,電子移動しやすくなる.しかし,このように光によって生成した$D^{•+}$と$A^{•-}$のエネルギー準位は一般に基底状態より高いので,ある寿命で元の分子に戻ることになる.

D励起の光誘起電子移動反応の$\Delta G°_{\mathrm{ET}(D^*)}$は,$E_{\mathrm{OX}(D)}$に対応するHOMO$_{(D)}$に励起エネルギー($E_{\mathrm{EX}(D)}$)を加えたLUMO$_{(D)}$から$E_{\mathrm{RED}(A)}$に対応するLUMO$_{(A)}$へ電子が移動するので,その差から計算できる.ラジカルイオン対を形成したときにはE_{Coulomb}の項を加える必要があるが,(3.1b)式中の$\Delta G°_{\mathrm{ET}}$として(1.6)式を代入すると(3.3)式を得る[2,6].

$$-\Delta G°_{\mathrm{ET}(D^*)} = E_{\mathrm{EX}(D)} - [e(E_{\mathrm{OX}(D)} - E_{\mathrm{RED}(A)}) - E_{\mathrm{Coulomb}}] \quad (3.3)$$

一方,A励起の光誘起電子移動反応の$\Delta G°_{\mathrm{ET}(A^*)}$は,$E_{\mathrm{OX}(A)}$に対応するHOMO$_{(A)}$に$E_{\mathrm{EX}(A)}$を加えたLUMO$_{(A)}$レベルで$E_{\mathrm{RED}(A)}$に対応する.光励起で生じた半空のHOMO$_{(A)}$へ$E_{\mathrm{OX}(D)}$に対応するHOMO$_{(D)}$

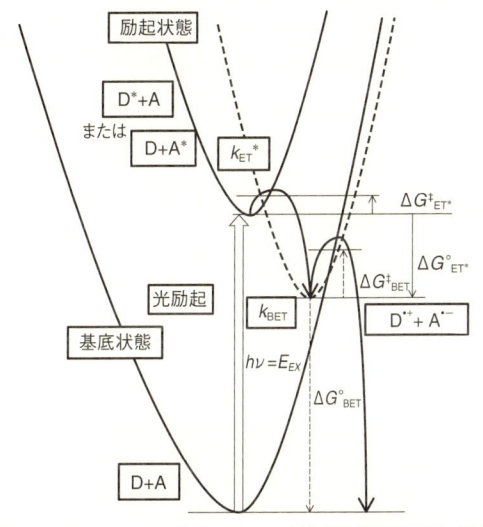

図 3.3 ポテンシャル曲線による光誘起電子移動過程の表現
D*またはA*から（D•⁺+A•⁻）へのポテンシャル曲線の交差は正常領域で起こり，（D•⁺+A•⁻）から基底状態への逆電子移動は逆転領域で起こるように描いてある．D*またはA*の最低電子励起状態（一重項状態および三重項状態）が（D•⁺+A•⁻）のエネルギー準位より高いとき，電子移動直後にイオン対が生成し，極性溶媒中でフリーイオンになることは前章と同じである．励起三重項状態が（D•⁺+A•⁻）のエネルギー準位より低いときには逆電子移動で励起三重項状態が生成することもある．$k_{ET(D^*)}$と$k_{ET(A^*)}$をまとめてk_{ET}^*，$\Delta G°_{ET(D^*)}$と$\Delta G°_{ET(A^*)}$をまとめて$\Delta G°_{ET^*}$，$\Delta G‡_{ET(D^*)}$と$\Delta G‡_{ET(A^*)}$をまとめて$\Delta G‡_{ET^*}$とした．

の電子が移るので，電子移動後の全エネルギーと電子移動直前の励起状態の全エネルギーとの差から計算できる（(3.4)式）．

$$-\Delta G°_{ET(A^*)} = E_{EX(A)} - [e(E_{OX(D)} - E_{RED(A)}) - E_{Coulomb}] \quad (3.4)$$

種々の組合せで$\Delta G°_{ET(D^*)}$や$\Delta G°_{ET(A^*)}$を幅広く変えることができると，過渡吸収法や蛍光寿命などで光誘起電子移動の速度定数

($k_{ET}*$) の対数とのプロットから Marcus 理論と拡散律速との関連などを検証することができる．連結分子の場合には拡散律速の影響のない Marcus 理論を検証することができる．$\Delta G°_{ET}* \approx \lambda_{total}$ のときに $k_{ET}*$ は最大となる．

D·⁺＋A·⁻のエネルギー和はラジカルイオンのエネルギー (ΔE_{RI}) で，D 励起からも A 励起からも同じ値であるので，基底状態の D＋A を基準にすると ΔE_{RI} は (1.2) 式の $\Delta G°_{ET}$ に対応する．したがって，光誘起電子移動によって生じたラジカルイオン間の逆電子移動で基底状態に戻る反応 (3.5a) 式の自由エネルギー変化 $\Delta G°_{BET}$ は (3.5b) 式になる．

$$D^{·+} + A^{·-} \xrightleftharpoons{k_{BET2nd}} D + A \tag{3.5a}$$

$$-\Delta G°_{BET} = \Delta G°_{ET} \tag{3.5b}$$

図 3.3 は $\Delta G°_{ET}* \approx \lambda_{total}$，$\Delta G°_{BET} \gg \lambda_{total}$ になるように模式的に示してあり，$k_{ET}*$ が最大で，k_{BET} は逆転領域となり小さくなることが予想される．このようなときには D·⁺＋A·⁻を後続反応に利用できるチャンスが増大する．

3.1.3 励起状態のスピン多重度と電子移動経路

最低電子励起状態が一重項状態でも三重項状態でも D·⁺＋A·⁻のエネルギー準位より高いときは図 3.3 と同じポテンシャル曲線で表すことができる．ただし，励起三重項状態は励起一重項状態よりエネルギーが低いことが多いため，D·⁺＋A·⁻のエネルギー準位が両者の間になる場合もありうるので，そのようなときには励起一重項状態からのみ電子移動が起こり，再結合で励起三重項状態にいくこともある [9]．

図 3.4 にスピン多重項を含めた光誘起電子移動のエネルギー図を

3.1 電子供与体と電子受容体の混合系 63

示す．この図には可能性のある過程はすべて含めた．励起状態からラジカルイオン対が生成するときには，励起一重項状態からは一重項のラジカルイオン対が生成し，励起三重項状態からは三重項のラジカルイオン対が生成する可能性が高いであろう（一重項のラジカルイオン対と三重項のラジカルイオン対のスピン状態はコラム8を参照）．一重項のラジカルイオン対は基底一重項状態に戻る逆電子移動が一般に速く，その寿命が短い．一方，励起三重項状態から生成した三重項のラジカルイオン対の寿命は基底一重項状態に戻る逆電子移動が一般に遅く，その寿命は長く，フリーラジカルイオンになりやすく，ラジカルイオン種は比較的長時間存在することになる．一重項のラジカルイオン対は逆電子移動が逆転領域にあるとき

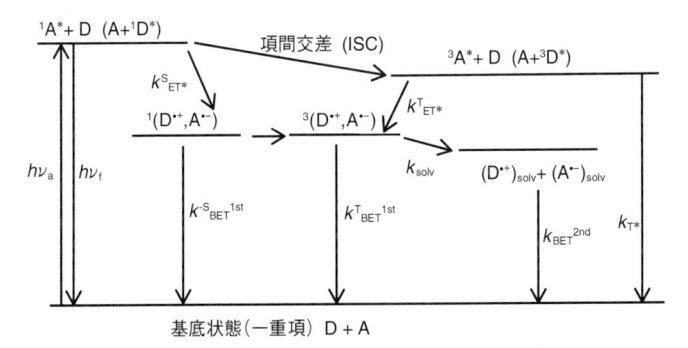

図 3.4　光励起で誘起される電子移動プロセスのエネルギー図

$D^{•+} + A^{•−}$のエネルギー準位が励起一重項状態と励起三重項状態より安定な場合．三重項のイオン対は一重項のラジカルイオン対とほぼ同じエネルギーであるが，長い寿命の間に溶媒和されて生成したフリーラジカルイオンになりやすい場合．［略号］$h\nu_a$：光吸収，$h\nu_f$：蛍光，k^S_{ET*}：励起一重項状態からの電子移動速度定数，k^T_{ET*}：励起三重項状態からの電子移動速度定数，k_{solv}：溶媒和の速度定数，$k^S_{BET}{}^{1st}$：一重項ラジカルイオン対からの逆電子移動速度定数，$k^T_{BET}{}^{1st}$：三重項ラジカルイオン対からの逆電子移動速度定数，$k_{BET}{}^{2nd}$：フリーラジカルイオンからの逆電子移動速度定数，k_{T*}：励起三重項状態から基底状態への速度定数．

には，比較的長寿命になるが，その場合，さらにラジカルイオン対のエネルギーがDまたはAの三重項状態のエネルギー準位と近いと，ラジカルイオン対が三重項性を獲得して，長寿命になる場合もありうる．

(3.1a)式や(3.2a)式の反応が励起一重項状態（$^1D^*$または$^1A^*$）からの電子移動のとき，2分子反応速度定数を$k^S{}_{ET(D^*)}$および$k^S{}_{ET(A^*)}$，また$^3D^*$または$^3A^*$への項間交差速度定数を$k_{ISC(D^*)}$および$k_{ISC(A^*)}$，その他の過程（発光過程や無輻射過程）の速度を$k_{0(D^*)}$および$k_{0(A^*)}$とすると，$^1D^*$または$^1A^*$の減衰速度（$R^S{}_{Decay(D^*)}$または$R^S{}_{Decay(A^*)}$）は(3.6a)式および(3.6b)式で与えられる．

$$R^S{}_{Decay(D^*)} = -\frac{d[^1D^*]}{dt}$$
$$= k^S{}_{ET(D^*)}[^1D^*][A] + (k_{ISC(D^*)} + k_{0(D^*)})[^1D^*]$$
(3.6a)

$$R^S{}_{Decay(A^*)} = -\frac{d[^1A^*]}{dt}$$
$$= k^S{}_{ET(A^*)}[^1A^*][D] + (k_{ISC(A^*)} + k_{0(A^*)})[^1A^*]$$
(3.6b)

ここで，Aの初濃度（$[A]_0$）が$[^1D^*]$に比べて大過剰のとき，またはDの初濃度（$[D]_0$）が$[^1A^*]$に比べて大過剰のときには，次の(3.6c)式と(3.6d)式を得る．

$$R^S{}_{Decay(D^*)} = k^S{}_{ET(D^*)}[^1D^*][A]_0 + (k_{ISC(D^*)} + k_{0(D^*)})[^1D^*]$$
(3.6c)

$$R^S{}_{Decay(A^*)} = k^S{}_{ET(A^*)}[^1A^*][D]_0 + (k_{ISC(A^*)} + k_{0(A^*)})[^1A^*]$$
(3.6d)

したがって，$^1D^*$または$^1A^*$からの電子移動の相手の$[A]_0$または$[D]_0$の濃度が高いときには第一項が優位となり，$D^{\bullet +}$と$A^{\bullet -}$が主に

生成し，$^3D^*$ または $^3A^*$ の生成など単分子反応の成分である第二項は抑制される．一方，D または A の濃度が低いときには励起一重項状態から励起三重項状態への単分子反応成分である項間交差が優勢になる．ここで，光誘起電子移動反応が正常領域で十分発エルゴン的で低粘性の溶媒中では，$k^S_{ET(D^*)}$ や $k^S_{ET(A^*)}$ は k_{Diff} に近い 5×10^9 M^{-1} s^{-1} 程度の値となり，たとえば $k_{ISC(D^*)}$ を 5×10^8 s^{-1} とすると，電子移動相手の初濃度が 0.1M で電子移動項と項間交差項は 1：1 の割合で起こることになり，数ナノ秒程度の現象となる．

さらに $D^{\cdot+}$ と $A^{\cdot-}$ の ΔE_{RI} が三重項状態より低い場合には，このような項間交差で生成した三重項状態からも電子移動が起こる可能性が出てくる．反応速度は (3.7a) 式および (3.7b) 式で与えられる．

$$R^T_{Decay(D^*)} = k^T_{ET(D^*)}[^3D^*][A]_0 + k_{TD}[^3D^*] \tag{3.7a}$$

$$R^T_{Decay(A^*)} = k^T_{ET(A^*)}[^3A^*][D]_0 + k_{TD}[^3A^*] \tag{3.7b}$$

励起三重項状態は 1 組のラジカルイオンのエネルギー（ΔE_{RI}）に近い値をもつ反応系が多いので，反応は等エネルギー的な場合に相当する．それゆえ，励起一重項状態からの正常領域での発エルゴン的な電子移動と比べると $k^S_{ET(D^*)} > k^T_{ET(D^*)}$ （または，$k^S_{ET(A^*)} > k^T_{ET(A^*)}$）の傾向がある．これらの電子移動反応は溶液中での衝突で起こるので，第 1 章で描いた図 1.5 のように発エルゴン領域では拡散律速で頭打ちになることが多い（コラム 12 の Rehem-Weller の関係も参照 [10]））．

ここで記述した励起一重項状態からの現象はピコ秒（ps）からナノ秒に起き，励起三重項状態からの現象はナノ秒からマイクロ秒に起こるので，それぞれに適した時間分解分光法で追跡することができる．とくに，電子移動では生成したラジカルイオン種を確認する

のに過渡吸収法が有効で,ラジカルイオン種の吸収の立ち上がり速度の解析,または,励起状態の吸収(励起一重項状態のときにはS$_1$→S$_n$吸収,三重項状態のときにはT$_1$→T$_n$吸収)の減衰速度の解析から反応速度定数を求めることができる.

また,^{1}D*または^{1}A*が蛍光を発するとき,AまたはDの添加で定常蛍光強度がI_0からIに減少(消光)するので,(3.8)式のStern-Volmer(ステルン-フォルマー)プロットの直線の傾きからK_{SV}(Stern-Volmer定数)が求められる.K_{SV}に添加物なしのDまたはAの蛍光寿命(τ_{F_0})を代入して$k^S_{ET(D*)}$または$k^S_{ET(A*)}$を求めることができる.これは,比較的測定の容易な定常蛍光スペクトル

コラム 12

溶液中の光誘起分子間電子移動

励起一重項状態からの分子間の電子移動速度定数(k_{ET}^{2nd})は極性溶媒中での蛍光の消光速度定数から決定されることが多い.ただし,過渡吸収でイオンラジカルの立ち上がり速度が励起一重項状態の吸収の減衰速度および蛍光消光速度と一致することが確認されることが前提である.このようにして求められたk^*_{ET}を$-\Delta G°_{ET}$に対してプロットすると右図の白丸のように十分に発エルゴン反応になっても,Marucs理論のベル形の逆転領域(点線)は現れないで拡散速度を保ったままである場合が多い.RehmとWellerは$\Delta G^{\ddagger}_{ET}$を(3)式を用いて$\Delta G^{\ddagger}_{ET}(0)$を$k^*_{ET}^{2nd}$の実測に合致するように選び,Arrhenius式で$k^*_{ET}^{2nd}$を計算すると実線のようになるとした.これは発エルゴン反応の範囲でk_{ET}^{2nd}が拡散律速となるためと,実測の蛍光消光速度に$k^*_{ET}^{2nd}$以外の平衡反応などが寄与するためと考えられている.また,反応の遷移状態での非断熱性から断熱性への移り変わりやMarcus理論で採用されたポテンシャル曲線の放物線からのずれなどもその要因として議論されている($\Delta G°_{ET}$や$\Delta G^{\ddagger}_{ET}$の*印は本コラムでは省略した).

の強度変化と文献に掲載されている τ_{F_0} から，$k^S{}_{ET(D*)}$ または $k^S{}_{ET(A*)}$ を求める簡便な方法である．

$$\frac{I_{0(D)}}{I_{(D)}} = 1 + K_{SV(D)}[A]_0 \; ; \; (K_{SV(D)} = k^S{}_{ET(D*)}\tau_{F_0(D*)}) \tag{3.8a}$$

$$\frac{I_{0(A)}}{I_{(A)}} = 1 + K_{SV(A)}[D]_0 \; ; \; (K_{SV(A)} = k^S{}_{ET(A*)}\tau_{F_0(A*)}) \tag{3.8b}$$

AまたはDの添加で蛍光寿命が τ_{F_0} から τ_F に短くなると，(3.9)式から直接 $k^S{}_{ET(D*)}$ または $k^S{}_{ET(A*)}$ を求めることができる．

$$\frac{\tau_{F_0(D)}}{\tau_{F(D)}} = 1 + k^S{}_{ET(D*)}\tau_{F_0(D)}[A]_0 \tag{3.9a_1}$$

$$^1D^* + A \xrightarrow{k^*{}_{ET}{}^{2nd}} D^{\bullet+} + A^{\bullet-} \tag{1}$$

$$k^*{}_{ET}{}^{2nd} = A \exp\left(-\frac{\Delta G^\ddagger{}_{ET}}{RT}\right) \tag{2}$$

$$\Delta G^\ddagger{}_{ET} = \frac{\Delta G^\circ{}_{ET}}{2} + \left[\left(\frac{\Delta G^\circ{}_{ET}}{2}\right)^2 + (\Delta G^\ddagger{}_{ET}(0))^2\right]^{1/2} \tag{3}$$

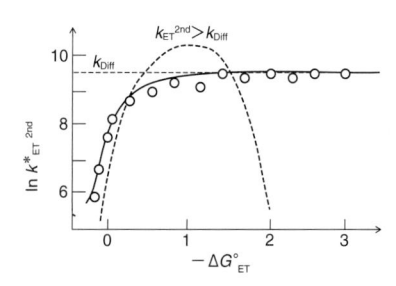

Rehm-Weller の関係と Marcus 理論との関連 [10]

$$\frac{1}{\tau_{F(D)}} - \frac{1}{\tau_{F0(D)}} = k^S{}_{ET(D*)}[A]_0 \tag{3.9a$_2$}$$

$$\frac{\tau_{F0(A)}}{\tau_{F(A)}} = 1 + k^S{}_{ET(A*)}\tau_{F0(A)}[D]_0 \tag{3.9b$_1$}$$

$$\frac{1}{\tau_{F(A)}} - \frac{1}{\tau_{F0(A)}} = k^S{}_{ET(A*)}[D]_0 \tag{3.9b$_2$}$$

電子移動収率（Φ_{ET}）も，過渡吸収で増加したラジカルイオンの吸収強度と減少した励起状態の吸収強度の比から直接的に求めることができるが，不安定中間種の正確な吸光係数が得られているケースは多くない．このような場合には励起一重項状態の電子移動収率（Φ_{ET}）は蛍光消光速度から（3.6）式と（3.9）式を用いて（3.10）式から求めることができる．

$$\Phi^S{}_{ET(D*)} = \frac{k^S{}_{ET(D*)}[A]_0}{k^S{}_{ET(D*)}[A]_0 + (k_{ISC(D*)} + k_{0(D*)})} \tag{3.10a$_1$}$$

$$= \frac{\dfrac{1}{\tau_{F(D)}}}{\dfrac{1}{\tau_{F(D)}} - \dfrac{1}{\tau_{F0(D)}}} \tag{3.10a$_2$}$$

$$\Phi^S{}_{ET(A*)} = \frac{k^S{}_{ET(A*)}[D]_0}{k^S{}_{ET(A*)}[D]_0 + (k_{ISC(A*)} + k_{0(A*)})} \tag{3.10b$_1$}$$

$$= \frac{\dfrac{1}{\tau_{F(A)}}}{\dfrac{1}{\tau_{F(A)}} - \dfrac{1}{\tau_{F0(A)}}} \tag{3.10b$_2$}$$

エネルギー移動がある場合にはその項も分母に含める必要があり，他の測定方法や既存の知識を含めて，両者は区別しなければならない．蛍光測定法においては，定性的であるが溶媒極性の増加で

蛍光消光が増加した分が電子移動の寄与によるもので，無極性溶媒中の蛍光消光がエネルギー移動の寄与分である．さらに，蛍光法で励起スペクトルを測定してエネルギー移動を確定することができる．電子移動の確定には過渡吸収法によるラジカルイオン種の同定と時間経過の定量的な解析が欠かせない（コラム7の時間分解分光法を参照）．

3.1.4 逆電子移動

光誘起電子移動で生成した$D^{•+}$と$A^{•-}$のエネルギー（ΔE_{RI}）は基底状態よりエネルギー準位が高いので，かなりの速さで基底状態へ戻っていく．ΔE_{RI}が励起一重項状態と励起三重項状態の間に位置するときにはラジカルイオン間の再結合で励起三重項状態が生成することもありうる．

それぞれ極性溶液中で溶媒和した$D^{•+}$と$A^{•-}$との再結合反応（(3.5a) 式）も2分子反応であるが，光誘起電子移動で生成した$D^{•+}$と$A^{•-}$の定常濃度は低いので，逆電子移動速度（R_{BET}）は遅くなり，$D^{•+}$と$A^{•-}$は比較的長時間観測できる（(3.11) 式）．

$$R_{BET} = k_{BET}{}^{2nd}[D^{•+}][A^{•-}] \tag{3.11}$$

単発のパルス状の光照射で生成する $[D^{•+}]_0$ と $[A^{•-}]_0$ は前駆体である $[^1D^*]_0$ と $[^3D^*]_0$（$[^{1,3}D^*]_0$と略）または $[^1A^*]_0$ と $[^3A^*]_0$（$[^{1,3}A^*]_0$と略）を超えない（(3.12a) および (3.12b) 式）．

$$[D^{•+}]_0[A^{•-}]_0 \leq [^{1,3}D^*]_0[A]_0 \tag{3.12a}$$

$$[D^{•+}]_0[A^{•-}]_0 \leq [^{1,3}A^*]_0[D]_0 \tag{3.12b}$$

さらに$k_{BET}{}^{2nd}$と$k_{ET(D^*)}$（$k_{ET(A^*)}$）の最大値は拡散速度であるので，(3.12c) および (3.12d) 式の関係が成り立つ．

$$k_{\text{BET}}{}^{\text{2nd}}[\text{D}^{\bullet+}][\text{A}^{\bullet-}] \leq k_{\text{ET(D*)}}[{}^{1,3}\text{D*}][\text{A}]_0 \tag{3.12c}$$

$$k_{\text{BET}}{}^{\text{2nd}}[\text{D}^{\bullet+}][\text{A}^{\bullet-}] \leq k_{\text{ET(A*)}}[{}^{1,3}\text{A*}][\text{D}]_0 \tag{3.12d}$$

$\text{D}^{\bullet+}$ と $\text{A}^{\bullet-}$ の濃度は後続する高速の分解反応などがなければ等濃度であることも考慮すると，(3.13) 式となる．

$$k_{\text{BET}}{}^{\text{2nd}}[\text{D}^{\bullet+}]^2 = k_{\text{BET}}{}^{\text{2nd}}[\text{A}^{\bullet-}]^2$$
$$\leq k_{\text{ET(D*)}}[{}^{1,3}\text{D*}][\text{A}]_0 \approx k_{\text{ET(A*)}}[{}^{1,3}\text{A*}][\text{D}]_0 \tag{3.13}$$

ここで，今まで述べた方法で $k_{\text{BET}}{}^{\text{2nd}} \approx k_{\text{Diff}} \approx k_{\text{ET(D*)}} \approx k_{\text{ET(A*)}} \approx 5 \times 10^9$ M^{-1} s^{-1} が求められたとする．そのとき，$[\text{A}]_0 = [\text{D}]_0 = 0.1$ M のうち単パルス光で励起される率を 10% とし，そのすべてが $\text{D}^{\bullet+}$ と $\text{A}^{\bullet-}$ に変換されたとすると，$[\text{D}^{\bullet+}]_0 = [\text{A}^{\bullet-}]_0 = 0.01$ M となり R_{BET} は $R_{\text{ET(D*)}}$ ($= R_{\text{ET(A*)}}$) の 1/10 となる．すなわち，電子移動反応が 100 ps 程度で起きるとすると，逆電子移動反応は数ナノ秒で起きることになり，その間は $[\text{D}^{\bullet+}]$ と $[\text{A}^{\bullet-}]$ はかなり低濃度ではあるが存在し続けることになる．これらのフリーラジカルイオン間の逆電子移動反応は溶液中での衝突で起こるので，$k_{\text{BET}}{}^{\text{2nd}}$ と $\Delta G°_{\text{BET}}$ のプロットは $\Delta G°_{\text{BET}}$ の値が負の領域では拡散律速で頭打ちになることが多い（図 1.5 およびコラム 12 の Rehm–Weller の関係を参照 [10]）．

溶液中でラジカルイオン対を形成している場合は，ラジカルイオン対内の逆電子移動は 1 次反応で，その速度定数 $k_{\text{BET}}{}^{\text{1st}}$ は s^{-1} の単位をもつが，実際は溶媒和によるフリーラジカルイオンへの解離（k_{solv}）と競争的になる（(3.14) 式）．

$$\begin{array}{c} {}^1\text{A*} + \text{D} \xrightarrow{k^{\text{s}}_{\text{ET(A*)}}} (\text{D}^{\bullet+}, \text{A}^{\bullet-}) \xrightarrow{k_{\text{solv}}} (\text{D}^{\bullet+})_{\text{solv}} + (\text{A}^{\bullet-})_{\text{solv}} \\ \qquad\qquad\qquad \downarrow {\scriptstyle k_{\text{BET}}{}^{\text{1st}}} \qquad\qquad\qquad \downarrow {\scriptstyle (+\text{ラジカル捕捉剤})} \\ \qquad\qquad\qquad \text{A} + \text{D} \qquad\qquad\qquad\qquad 捕捉物 \end{array} \tag{3.14}$$

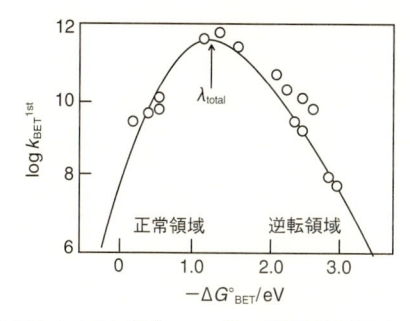

図3.5 ラジカルイオン対（$A^{•-}$, $D^{•+}$）の逆電子移動反応のMarcus プロット [11]
反応（3.14）式のk_{BET}^{1st}と$\Delta G°_{BET}$のプロット．

ここで，フリーラジカルイオンと選択的に反応するラジカル捕捉剤を加えて，捕捉物の収量からk_{solv}を推定し，最終的にk_{BET}^{1st}を求めることができる．実際，アセトニトリル中において芳香族シアノ化合物の励起一重項状態（$^1A^*$）と芳香族アミン（D）との電子移動によって生成する接触イオン対のk_{BET}^{1st}を測定し，この反応の$\Delta G°_{BET}$に対してプロットすると，図3.5に示すように$-\Delta G°_{BET}=\lambda_{total}$（1.4 eV）の位置で極大に達したのち，逆転領域でふたたび遅くなるMarcus理論のベル形曲線となる [11]．

3.1.5 光誘起電子移動の測定法
(1) 過渡吸収法

光励起開始電子移動を確認し，解析するためには過渡吸収法が不可欠である．過渡吸収法でも数ナノ秒程度より長い時間帯の測定は比較的簡便であり，三重項経由の電子移動に有効である（コラム7の時間分解分光法を参照）．

たとえば，D分子としては光合成のクロロフィルとの類推から金

属ポルフィリン（MP），金属フタロシアニン（MPc）などの縮合環分子がよく知られている（光合成についてはコラム 13 参照）分子を取り上げる．これらは中心金属が Zn イオンや Mg イオン，または水素イオンなどといった違いによって，吸収帯および蛍光バンドの位置などは多少異なることがあるが，本質的には同じ可視光吸収能と電子供与能を兼ね備えた能力を示す．電子受容体であるアルキルビオロゲンジカチオン（RV^{2+}）存在下で MP を可視光励起すると $^3MP^*$ から RV^{2+} へ電子が移動してアルキルビオロゲンラジカルカチオン（$RV^{•+}$）と $MP^{•+}$ が過渡的に生成する（(3.15) 式）．

$$^{1,3}MP^* + RV^{2+} \xrightarrow{k_{ET(MP^*)}} MP^{•+} + RV^{•+} \tag{3.15}$$

$^1MP^*$ からの反応は RV^{2+} の濃度が高いとき，蛍光の消光現象から推定できるが，$^3MP^*$ からの反応は RV^{2+} の濃度が比較的低いとき，$^3MP^*$ の過渡吸収の出現と減衰，および，それに伴う $MP^{•+}$ と $RV^{•+}$ の過渡吸収の出現から確認できる．その後 $MP^{•+}$ と $RV^{•+}$ は再結合によってゆっくりと減少していくので，この間に第三物質の添加によってホールシフトや電子シフト反応を起こし，電子伝達系を構成することができる．ここで，青色の $RV^{•+}$ の吸収は強く確認しやすいが，$MP^{•+}$ の吸収は弱く，かつ，MP と隣り合わせで確認しにくい．一方，MPc は一般に有機溶媒に対する溶解度が低いため，合成や測定など MP に比べて取扱いが難しいが，過渡吸収では $MPc^{•+}$ は鋭い吸収帯が近赤外部に出現するので，電子移動の確認には適している（近赤外部の過渡吸収の有用性は最近増加している）．

別の例として，光イオン化に伴う溶媒和電子を経由する反応がある．芳香族アミン類の光励起によって光誘起電子移動を起こす場合，光イオン化が起こり，芳香族アミン類から電子を溶媒中に放出し，$D^{•+}$ と e^-_{solv} を生じる場合がある．共存する A が e^-_{solv} を受け取

コラム 13

光合成と電子移動

　植物やらん藻類，さらに光合成細菌などでは，光によって誘起される多段階の電子移動が重要なはたらきをすることが解明されている．これらの光反応では太陽光を幅広く捕捉し，効率よく電荷分離状態を発生し，この状態を長く保ち，後続の遅い化学反応を起こさなければならない．このための複雑な工夫を自然は長い進化の時間をかけて獲得してきた．これら光合成システムの構造解明と電子移動および化学反応機構の解明が行われている．そのエッセンスを多段階の電子移動で表したのが Z-スキームとよばれているもので，図に2段階励起の Z-スキームを模式的に示した．自然界が高度で巧妙な多段階電子移動プロセスを採用しているのは驚きである．これらを模倣して，人工光合成のシステムを構築する試みがなされている．太陽光による水素発生や炭酸ガスの還元反応を行う分子システムおよび触媒システムが多数提案されている．その基本は自然に豊富に存在し無害な物質である水分子を起点とする電子移動システムをいかに構築するかで，それらの研究は盛んに行われている．

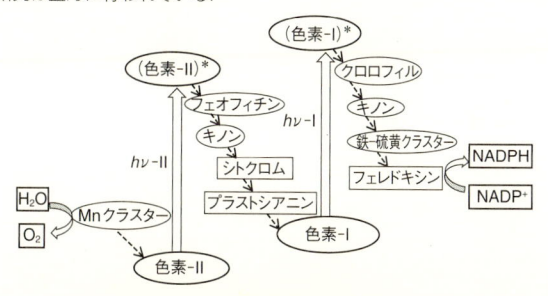

らん藻の光合成と電子移動で重要な Z-スキーム

図中の NADPH はニコチン酸アミド誘導体で NADP$^+$ はその酸化体．フェオフィチンやクロロフィルはポルフィリン類緑体．その他の用語は専門書を参照．

ることができるので，このルートでも光誘起電子移動と同様にD•+とA•−が生成する（(3.16) 式）．

$$D^* \xrightarrow{h\nu} D^{•+} + e^-_{\text{solv}} \tag{3.16a}$$

$$e^-_{\text{solv}} + A \longrightarrow A^{•-} \tag{3.16b}$$

とくに短波長の光でDを励起すると，光イオン化が起こりやすい．長波長の光で強い光を利用したときも，二光子過程などで光イオン化が起こりやすくなる．このような理由で芳香族アミンなどのDを光励起する場合には，その励起状態やe^-_{solv}の確認を行って反応メカニズムを注意深く調べる必要がある．e^-_{solv}の確認法にはやはり過渡吸収法が適している．溶媒に依存してその吸収は可視部と近赤外部に出現することが多い．

Aの光励起によって光誘起電子移動を開始することができる（図3.2）．このようなAとして，光合成の模倣からキノン類が多用されてきたが，キノン類励起による光誘起電子移動によって生成するキノンラジカルアニオンを過渡吸収によって確認しようとすると，その三重項状態の吸収と重なって困難なことが多い．最近，励起一重項状態と三重項状態からの電子移動がよく研究されているA分子のひとつとして，C_{60}が挙げられる（図1.7参照）．$C_{60}^{•-}$の吸収帯は近赤外領域で，$^3C_{60}^*$の吸収帯（740 nm）との重なりが少なく，他の吸収との重なりも少ないので，光誘起電子移動が起こっているかを確認することができる [9]．

(2) 蛍光スペクトル

分子の励起一重項状態を最も簡便に測定できるのは，定常蛍光スペクトルである．C_{60}とTMPDの存在下，C_{60}のみを励起して得られたC_{60}の蛍光スペクトルを吸収スペクトルとともに図3.6に示す．

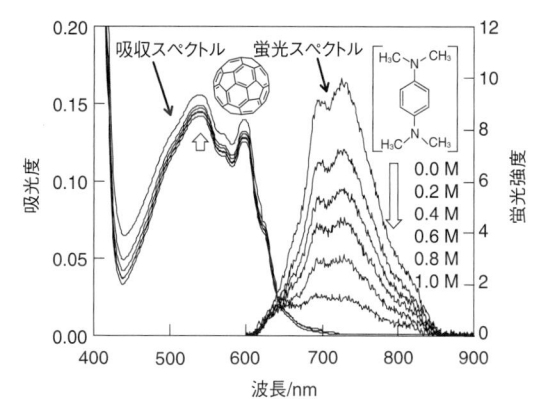

図 3.6 C_{60} に TMPD を加えたときの（左）吸収スペクトルと（右）蛍光スペクトル [12]

C_{60}（0.0001M），TMPD（0.0〜1.0M），溶媒はベンゾニトリル（PhCN），励起光；600 nm．M＝mol L^{-1}．

C_{60} の蛍光バンドが C_{60} の吸収帯より長波長側に，吸収帯と鏡面の関係を保ちながら出現する．C_{60} の蛍光の量子収量は 0.001 程度で，それほど大きくない．C_{60} の濃度を 0.0001 M に固定して 500 nm より短波長では吸収のない TMPD の濃度を（0.2〜1.0 M）加えたときに観測される可視領域の吸収スペクトルは C_{60} 特有の吸収であり，TMPD を加えてもほとんど吸収スペクトルには変化はない．このことは基底状態では C_{60} と TMPD の間の CT-相互作用などは非常に弱いことを示している．

励起光強度一定で測定した C_{60} の蛍光強度は TMPD の濃度とともに減少する蛍光消光が図 3.6 に観測され，減少分から蛍光消光量子収量を求めることができる．一般に基底状態で相互作用のない添加分子による蛍光消光の原因としては，(1) 添加分子との間の電子移動，(2) 励起一重項エネルギーの添加分子へのエネルギー移動，

(3) 添加分子との無蛍光性の錯体形成などがある．(1) と (2) が動的蛍光消光で蛍光寿命も短くなり，(3) は静的蛍光消光で蛍光寿命に変化はない [12]．

C_{60} の励起一重項のエネルギーレベルは 1.75 eV で，$^1C_{60}{}^*$ からよりエネルギー準位の高い $^1TMPD^*$ への励起エネルギー移動の可能性は排除できる．したがって，(1) TMPD への電子移動と (3) 錯体形成などが蛍光消光の原因として残るが，パルス光源を用いて測定される C_{60} 蛍光寿命も TMPD の濃度とともに短くなる動的蛍光消光を示すので，(1) TMPD からの電子移動が最も高い確率で残る．また，600 nm の励起波長は TMPD を励起しないため，反応 (3.16) 式は起きないので，起こりうる反応は (3.17) 式となる．

$$^1C_{60}{}^* + TMPD \xrightarrow{k^S{}_{ET(C_{60}{}^*)}} C_{60}{}^{\bullet -} + TMPD^{\bullet +} \qquad (3.17)$$
$$(1,080 \text{ nm}) \quad (650 \text{ nm})$$

一般に電子移動反応では蛍光の減衰とともにラジカルイオンの吸収が立ち上がることを確認できることが望ましいが，この反応系の場合には直接的証拠を $C_{60}{}^{\bullet -}$ と $TMPD^{\bullet +}$ の両方の過渡吸収観測によって得ることができる良い例である．ここで，$k_{ET}{}^*$ は蛍光強度の消光実験から得られる Stern–Volmer 式 ((3.8b) 式) または直接，蛍光寿命 ((3.9b$_2$) 式) から求めることができる．その値は溶液中の最高速度である拡散速度定数にほぼ等しい 5×10^9 M^{-1} s^{-1} である．

(3) ラジカルイオンの生成確認とその時間変化

D または A を励起用短パルス状レーザー光で励起して最低励起一重項状態 (S_1) を生成し，モニター光でさらに上位の励起状態 S_n ($n = 2, 3\cdots$) への遷移に対応した $S_1 \to S_n$ 吸収帯を観測することができる（コラム 7 の時間分解分光法を参照）．電子移動の相手の濃

度とともに$S_1{\to}S_n$吸収強度の減衰速度は速くなり，代わって$D^{\bullet+}$と$A^{\bullet-}$の吸収帯が出現すると，励起一重項状態からの電子移動の完璧な証明となる．この$S_1{\to}S_n$吸収強度の減衰速度はDまたはAの蛍光消光速度に相応する．

C_{60}と芳香族アミンの系でも，C_{60}のレーザー励起直後にC_{60}の$S_1{\to}S_n$吸収帯が可視部および800～1,300 nmに出現し，芳香族アミンの濃度とともにその減衰は速まり，代わって$C_{60}{}^{\bullet-}$の吸収が近赤外部（1,080 nm）に出現し，可視部には芳香族アミンのラジカルカチオンの吸収が出現する．

一方，ナノ秒レーザー励起後の過渡吸収は$S_1{\to}S_n$吸収帯がほぼ減衰しきっている場合が多いので，$D^{\bullet+}$と$A^{\bullet-}$の吸収帯が容易に観測される．実験条件によってはしばしば，励起三重項状態の吸収帯（$T_1{\to}T_n$）も同時に観測される場合が多い．ラジカルイオンの吸収帯も励起三重項状態の吸収帯も比較的シャープな場合が多く，その同定は比較的容易である．光化学の分野で多数研究されているベンゾフェノンやポルフィリンなどはラジカルイオンの吸収帯，励起三重項状態の吸収帯，蛍光の影響などが重なっていることがしばしばあって，それらの同定と解析は慎重に行なわれなければならないことが多い．

ナノ秒レーザー励起後の過渡吸収の測定例として，C_{60}と電子供与性の高いアミンであるDABCO（1,4-ジアザビシクロ[2.2.2]オクタン（1,4-diazabicyclo[2.2.2]octane））の混合系の過渡吸収スペクトルを図3.7aに示す．DABCO濃度を1 mM程度と低濃度にして，(3.6d)式において$k^S_{\mathrm{ET}(C_{60}*)}[\mathrm{DABCO}] \ll (k_{\mathrm{ISC}(C_{60}*)} + k_{0(C_{60}*)})$となるように設定すると，100 nsのスペクトル（●）には740 nmに$^3C_{60}{}^*$の吸収帯が観測される．レーザー照射後，400 nsにおけるスペクトル（⊖）には1,080 nmに$C_{60}{}^{\bullet-}$の吸収帯が出現する．図中の740

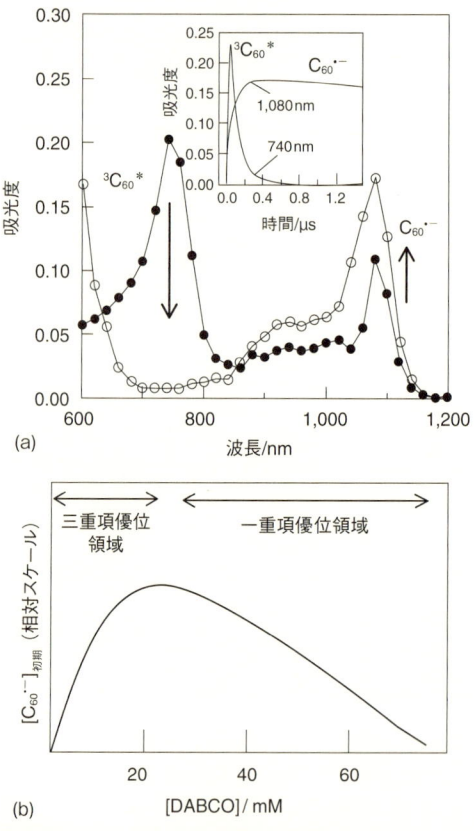

図3.7 脱酸素ベンゾニトリル中 C_{60}（0.1 mM）＋DABCO（1 mM）の（a）過渡吸収スペクトル（●100 ns, ○400 ns）と（b）ナノ秒レーザー照射直後の初期 [$C_{60}^{•-}$] の DABCO 濃度変化 [12]

（a）ナノ秒レーザー光 532 nm（パルス幅＝6 ns）で励起．（b）DABCO が低濃度では $^3C_{60}^*$ 経由の三重項スピン状態の長寿命ラジカルイオン対が生成する．DABCO が高濃度では $^1C_{60}^*$ 経由の一重項スピン状態の短寿命ラジカルイオン対が生成する．

nm 吸収帯と 1,080 nm 吸収帯の時間変化を見ると，^{3}C$_{60}$* の 740 nm 吸収帯はレーザーパルス照射直後に項間交差速度に対応して立ち上がり，数ナノ秒後には頂点に達し，その後減衰して 400 ns においてはほぼゼロになっている．図 3.7a で，DABCO 濃度が 1 mM で C$_{60}$ 濃度が 0.1 mM 程度の条件下で，単発のレーザーパルス光で C$_{60}$ を光照射すると，^{3}C$_{60}$* が 0.001 mM 程度生成する．

一方，C$_{60}$•$^-$ の 1,080 nm 吸収帯は ^{3}C$_{60}$* の減衰とともに立ち上がり，電子移動が ^{3}C$_{60}$* から起こっていることがわかる．C$_{60}$•$^-$ の 1,080 nm 吸収帯は 300 ns で極大に達したのち，ゆっくりと減少し始め，約 100 μs かけて反応前の状態に戻っている．C$_{60}$•$^-$ の 1,080 nm 吸収強度の極大値から [C$_{60}$•$^-$]$_{max}$ と [^{3}C$_{60}$*]$_{max}$ はほぼ同じで，変換効率は 100% に近いことがわかる（C$_{60}$•$^-$ と ^{3}C$_{60}$* のモル吸光係数は約 10,000 M^{-1} cm^{-1} でほぼ同じと報告されている）．このことから，次の ^{3}C$_{60}$* 経由の電子移動と逆電子移動の経路が確認できたことになる（反応（3.18）式）．

$$^3\text{C}_{60}^* + \text{DABCO} \xrightarrow{k^\text{T}_{\text{ET}(\text{C}_{60}^*)}} \text{C}_{60}^{•-} + \text{DABCO}^{•+} \xrightarrow{k_{\text{BET 2nd}}} \text{C}_{60} + \text{DABCO}$$
(740 nm)　　　　　　　(1,080 nm)　　　　　　　　　　(3.18)

^{3}C$_{60}$* の減衰と C$_{60}$•$^-$ の立ち上がりから見かけの 1 次反応速度定数（k_app^1st）が図 3.7a 中の時間変化によって 5×10^6 s^{-1} と求められる．DABCO 大過剰の擬 1 次反応の関係に基づいて k_app^1st/[DABCO] から $k^\text{T}_{\text{ET}(\text{C}_{60}^*)}$ は 5×10^9 M^{-1} s^{-1} と求められる．この値は反応（3.18）式の ^{3}C$_{60}$* 経由の電子移動が極性溶媒中で発エルゴン的（$\Delta G^0_{\text{ET}(\text{C}_{60}^*)} \approx -0.5$ eV）であることから予想されるように拡散律速の値に近い．

極性の高いベンゾニトリル中では C$_{60}$•$^-$ の 1,080 nm 吸収帯の減衰は 1 μs 後でも 10% 程度ときわめて遅い．2 次反応（$R_\text{BET} = k_\text{BET}^\text{2nd}$ [C$_{60}$•$^-$]^2）の解析式（(1.7c) 式）から，速度定数 k_BET^2nd が C$_{60}$•$^-$ の

1,080 nm 吸収帯のモル吸収係数の比として与えられ，k_{BET}^{2nd} の値は 10^9 M^{-1} s^{-1} と求められる．この結果，$k^T_{ET(C_{60}*)} \approx k_{BET}^{2nd}$ となるが，[DABCO]≫[DABCO$^{•+}$] なので逆反応速度は順反応速度より遅くなり，$C_{60}^{•-}$ の吸収帯の減衰には時間がかかることになる．

さらに，図 3.7a で 400 ns 以後の $C_{60}^{•-}$ のゆっくりとした減衰が 2次反応の速度式に依存していることは，$C_{60}^{•-}$ と DABCO$^{•+}$ が極性のベンゾニトリル中ではフリーラジカルイオンとして存在していることを示している．このことは，電子移動直後に $C_{60}^{•-}$ と DABCO$^{•+}$ が $^3C_{60}^*$ 経由でラジカルイオン対を形成したとしても，そのラジカルイオン対は三重項のスピン状態の性質をもち，フリーラジカルイオンへ解離しやすいことを示唆している．一方，三重項のラジカルイオン対が逆電子移動で一重項の基底状態へ戻るためには，ラジカルイオン対間の項間交差を経なければならず（図 3.4 参照），遅くなると推察される．

$^3C_{60}^*$ からの電子移動を観測するのに適した芳香族アミン濃度の範囲（1〜20 mM）でアミンの濃度の増加とともに，$C_{60}^{•-}$ の立ち上がり速度は増加し，$C_{60}^{•-}$ の生成量も増加する．アミンの濃度が 20 mM を超えると立ち上がり速度はナノ秒レーザーのパルス幅ぎりぎりまで増大するが，$C_{60}^{•-}$ の生成量は徐々に減少する（図 3.7b）．これは C_{60} の蛍光消光が起きるほどアミン濃度が高いと（図 3.6），$^1C_{60}^*$ を経由する電子移動が主な過程となり，生成したラジカルイオン対は一重項のスピン状態を帯びていて一重項の基底状態への逆電子移動が速いため，ナノ秒の時間範囲で $C_{60}^{•-}$ が減衰し終わっていると考えられる．ピコ秒過渡吸収では寿命の短いラジカルイオン対が観測されているので，ラジカルイオン対のスピン状態も考慮した図 3.4 のようなエネルギー図で全体過程を説明できる．

3.2 後続電子伝達系への応用

自然系の光合成では光誘起電子移動によって生成したラジカルイオン対の電子とホールを次々に生体物質に伝達して目的の物質を生産している(光合成と電子移動についてはコラム13を参照).溶液中でのC_{60}の光誘起電子移動でも,Dの比較的低濃度条件では$^3C_{60}^*$を経由して長寿命の$C_{60}^{•-}$と$D^{•+}$が生成するので,$C_{60}^{•-}$の電子や$D^{•+}$のホールを後続反応に利用することが可能となる.たとえば,Dとしてフェノチアジン(PTZ;図3.8)を採用し,C_{60}のみを可視光励起すると,C_{60}の励起三重項状態との間で電子移動が起きて$PTZ^{•+}$と$C_{60}^{•-}$が生成することはnsからμsまでの過渡吸収法で確認されている.この条件下で,犠牲的電子供与剤(ホールシフト剤(HS),たとえば,トリエタノールアミン(TEOA))を加えておくと,$C_{60}^{•-}$は減衰しないで蓄積する.これは$PTZ^{•+}$へ電子を与えたTEOAは$TEOA^{•+}$となり,ただちに自己分解して,$C_{60}^{•-}$からの電子を受け取ることができないためである[13].

さらに,アルキルビオロゲンジカチオン(RV^{2+})を添加すると,$C_{60}^{•-}$から電子を受け取り,青色のアルキルビオロゲンラジカルカチオン($RV^{•+}$)が蓄積する.図3.8の定常スペクトルに示したように,可視光でC_{60}のみを連続的に励起すると,青色の原因である$RV^{•+}$による620 nmの吸収帯が増大して,電子を$RV^{•+}$として溶液中に蓄積できたことがわかる.さらに,この電子を金属触媒に注入して触媒を活性化すると,光触媒反応が起こる.たとえば,水溶液(酸性)で白金クラスターなどが共存すると,水素分子の発生が観測される(光水素発生と電子移動についてはコラム14参照,金属錯体の光誘起電子移動についてはコラム15参照).水溶性の$D^{•+}$と$A^{•-}$の組合せは生体反応にも利用できる.たとえば,水溶性アミン

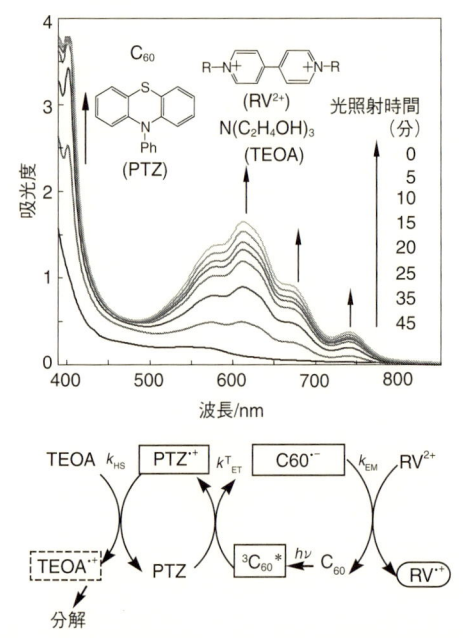

図3.8 PTZ, RV^{2+}, TEOA存在下，C$_{60}$のみを光励起して観測される定常吸収スペクトル変化 [13]

下は電子移動（ET），電子伝達（electron mediation：EM），ホールシフト（HS）のスキーム．

をDとして，C$_{60}$をシクロデキストリンで包接し，水溶化して光照射するとD$^{•+}$とC$_{60}$$^{•-}$が生成するが，D$^{•+}$が自己分解してC$_{60}$$^{•-}$が蓄積する．この水溶液にDNAを共存させると，このC$_{60}$$^{•-}$の電子が共存する酸素分子へ移動してスーパーオキシアニオン（O$_2$$^{•-}$）を生成し，この酸素活性種が最終的にDNAを切断する．

コラム 14

太陽光による水素発生と電子移動

 究極のクリーンエネルギーは水素ガスといわれているが，現状では工業的な水素製造のみなもとは化石燃料であるのが現状である．水素ガスを水の太陽光分解で製造して初めて水素が名実ともに究極のクリーンエネルギーとなる．水中の半導体電極に紫外光を照射して水素を最初に発生させる原理は Honda–Fujishima 効果であるが，可視光で水を分解するには光合成と類似の Z–スキーム（コラム 13 を参照）を応用した 2 種類の半導体を使った系が有効である．1 段目の半導体での光電荷分離で生成したホールで水から酸素を生成し，2 段目の半導体の光電荷分離から生じたエネルギーの高い電子が水から水素を発生する．1 段目の電子と 2 段目のホールが結合して消滅する，一種のタンデム型のシステムになっている．この電子を炭酸ガスに注入して炭酸ガスを還元できれば，地球温暖化のもとである炭酸ガスの有効利用による削減が可能になる．

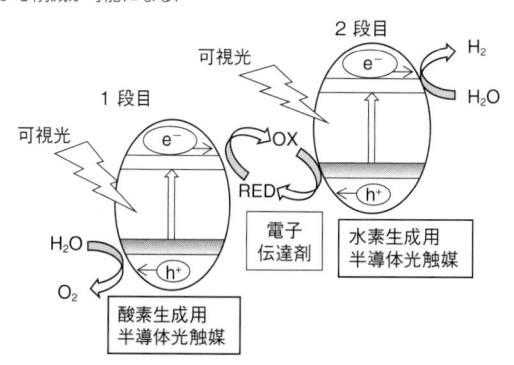

可視光を吸収する 2 種類の半導体を組み合わせた光誘起電子移動機構による水素発生の模式図（東京理科大学 工藤研ホームページ参照）

3.3 後続化学反応への応用

光誘起電子移動で生成したラジカルイオンはさらに化学反応に利用され,光を用いる有機合成化学の分野を形成している.第1章における分子間の電子移動平衡反応では,A•−またはD•+の定常濃度を高めることが困難であったが,光誘起電子移動では連続光照射によって常に[A•−]と[D•+]を供給することができる利点がある.DとAの組合せで直接電子移動して生成するD•+とA•−の間で反応が起きる例を図3.9に示した.D•+とA•−間のラジカルカップリングでC−C結合が生成し,残ったアニオンはD_2OからD^+を引

コラム 15

金属錯イオンの光誘起電子移動

金属錯イオン($M^{n+}L_m$)の分子軌道(コラム11)において,光吸収は金属イオン(M^{n+})を中心とするd-d遷移以外にM^{n+}から配位子(L)への遷移とLからM^{n+}への遷移があり,分子内電荷移動型の励起状態($M^{(n+1)+}$+ L•−L_{m-1}または$M^{(n-1)+}$+ L•+L_{m-1})となる.また,金属イオンの重原子効果によって項間交差が促進され,励起状態が寿命の長い多重項状態を取りやすくなる.それゆえ,AまたはDが存在すると,$M^{(n+1)+}$+ L•−L_{m-1}または$M^{(n-1)+}$+ L•+L_{m-1}との電子シフトまたホールシフトが起きて電子またはホールを金属錯イオンから溶液中にA•−またはD•+として取りだすことができる.たとえば,図に示したように[Ru$^{(II)}$(bpy)$_3$]$^{2+}$イオンの水溶液を光励起するとその三重項由来の寿命の長い発光と過渡吸収が観測されるが,この励起状態は[Ru$^{(III)}$(bpy)•−(bpy)$_2$]$^{2+}$イオンに近い電子状態をもっていると考えられていて,その溶液中にメチルビオロゲンジカチオン(MV^{2+})が存在すると([Ru$^{(II)}$(bpy)$_3$]$^{2+}$)*イオンから電子が移動し,メチルビオロゲンのラジカルカチオン(MV•+)の生成が観測される.さらに,犠牲的Dが存在するとMV•+の電子を,水素発生や炭酸ガス還

き抜き,一方のカチオンはH^+を放出して中性の付加生成物となる(ラジカル特有の二量化反応物が副生成物となる)[14].類似の反応は多数報告されている.

次の例として,DやAの直接励起や生成物の光照射による副反応を避けることができる長波長の光を吸収する光増感剤(photosensitizer:Sens)を採用した反応を示す.光増感剤である$[Ru(bpy)_3]^{2+}$のみの光励起から起こるジヒドロピリジンとの間の電子移動ののち,共存するオレフィンとの電子伝達とプロトン移動から起きるオレフィンの水素付加反応を図3.10に示した[15].

また,電気化学的手法では電位によって$A^{•-}$または$D^{•+}$の片方し

元に連続的に利用できる.一方,Dと犠牲的Aの添加でホールを溶液中に取りだすことができ,それを利用してH_2OをO_2へ酸化することができる[2, 15].

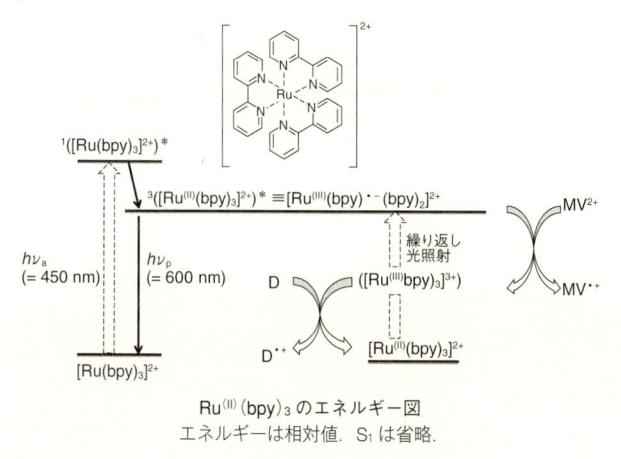

$Ru^{(II)}(bpy)_3$のエネルギー図
エネルギーは相対値.S_1は省略.

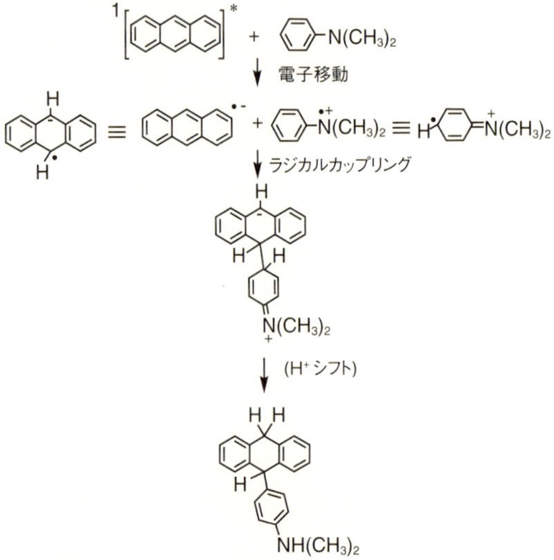

図3.9 (A励起) → (A-D間電子移動) → (A-D間カップリング反応)
ラジカルカップリング反応直前ではπラジカルからσラジカルへ変換しながらC-C結合を形成すると考えられる [14].

か存在できないのに対して,有機光化学反応ではどちらかのラジカルイオンが後続反応を起こす間,対のラジカルイオンが近傍に存在し,電荷的に中和していくつかの過程を経て最終生成物として取り出せることになる.したがって,電子移動の方法の違いによって,最終生成物が異なることがある.

3.4 励起エネルギー移動

極性溶媒中では金属ポルフィリン(^{1}MP*)からC_{60}へ電子移動するが,非極性溶媒中では励起エネルギーが移動する(energy

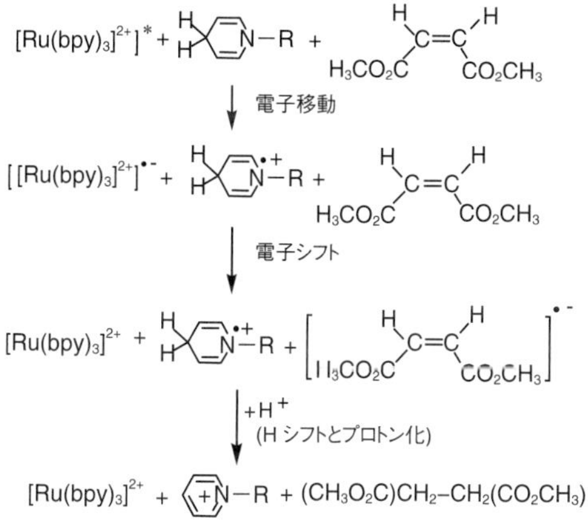

図 3.10 光増感剤 [Ru(bpy)$_3$]$^{2+}$の励起から起こる反応
[Ru(bpy)$_3$]$^{2+}$ の励起→電子供与体(ジヒドロピリジン)からの電子移動→電子伝達→水素シフト→プロトン化を経由するオレフィンの水素付加反応 [15].

tansfer : E$_n$T, (3.19) 式). 励起一重項エネルギー移動では ^{1}MP* のエネルギー準位が ^{1}C$_{60}$*のエネルギー準位より高いことが第一の条件であるが, それ以外に励起エネルギー移動のメカニズムによっては考慮しなければならないことがある. 励起エネルギー移動の様子は MP と C$_{60}$ の混合系の蛍光スペクトル (図 3.11) で理解できる. 無極性溶媒中で MP のみを励起すると太線の蛍光スペクトルのように MP の蛍光強度が減少し, C$_{60}$ の蛍光が長波長側に出現し, MP の励起一重項エネルギーが低エネルギー準位の C$_{60}$ に移動していることがわかる (図 3.11a). MP と C$_{60}$ の混合系で観測された C$_{60}$ の蛍光帯の励起スペクトルを観測すると図 3.11b の太線のように MP の吸収スペクトルと一致するので, C$_{60}$ の蛍光の原因は MP がまず励起され, そのエネルギーが無極性溶媒中で C$_{60}$ へ移動し, C$_{60}$ をその最低励起一重項状態を生成することを示している [9].

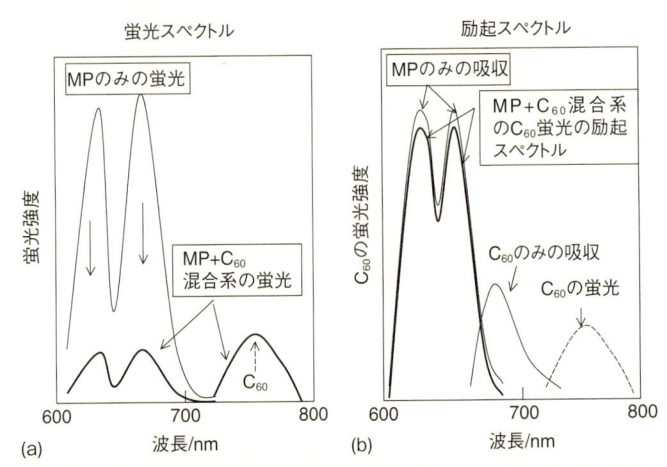

図 3.11 MP と C_{60} の混合系の模式的な (a) 蛍光スペクトルと (b) 励起スペクトルと吸収スペクトル

(a) 無極性溶媒中で MP のみを励起して観測される蛍光スペクトル（MP の蛍光強度が減少し，C_{60} の蛍光が出現する）．極性溶媒中では C_{60} の蛍光も減少する．
(b) 無極性溶媒中で C_{60} の蛍光の原因となる吸収が MP であることを示す励起スペクトル．

$$\text{MP} \xrightarrow{h\nu} {}^1\text{MP}^* \tag{3.19a}$$

$$^1\text{MP}^* \xrightarrow{k_{\text{EnT}}} {}^1\text{C}_{60}^* \tag{3.19b}$$

一般に，励起エネルギーの移動には一重項エネルギー移動に関する Förster（フェルスター，共鳴）型と三重項エネルギー移動に関する Dexter（デクスター，電子交換）型がある．Förster 型エネルギー移動は，エネルギー供与体 D の励起後，$^1\text{D}^*$ からの発光スペクトルとエネルギー受容体 A の吸収が重なっていると，$^1\text{D}^*$ からの双極子-双極子（共鳴）型エネルギー移動で A が励起され，$^1\text{A}^*$ を生

3.4 励起エネルギー移動

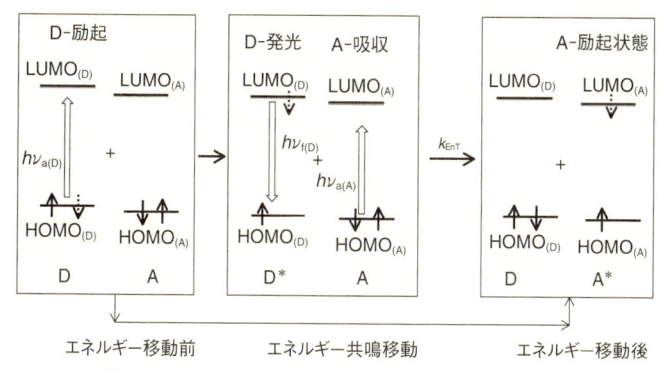

図3.12 Förster（共鳴）型励起一重項エネルギー移動
↓は移動する電子スピン．DとAはエネルギー供与体と受容体を示す．HOMO(D)とLUMO(D)間のギャップがAのそれとほぼ等しいと，共鳴エネルギー移動が起こりやすい．

成する（図3.12）．結果として，HOMO(D)の電子が光励起によってLUMO(A)へ移動していることになる．DのHOMO–LUMOギャップがAのそれとほぼ等しいと，エネルギー移動が起こりやすくなる．

さらに，このメカニズムでは ^{1}D*からの発光スペクトルとAの吸収スペクトルが重なっていれば，遠距離エネルギー移動が可能であることを示している（遷移の双極子–双極子相互作用でエネルギー移動するので，$1/R_{D-A}^6$ の比較的おだやかな距離減衰を示す）．この ^{1}D*からの発光スペクトルとAの吸収が重なるので，図3.12の分子軌道でHOMO(D)–LUMO(D)間のギャップとHOMO(A)–LUMO(A)間のギャップはほぼ等しいと表現したが，^{1}D*からの発光スペクトルの基底状態の振動準位とAの吸収スペクトルの励起状態の振動準位を考慮すると，^{1}D*の最低エネルギー準位が ^{1}A*の最低エネルギー準位より高い条件での両スペクトルの重なりが可能であることが理解できる [6]．このような長距離エネルギー移動は光合成の

光捕集の基本的事項で，太陽光をクロロフィルで光捕集し，そのエネルギーを反応中心まで伝達するのに重要な役割を果たす．

一方，励起三重項エネルギー移動の場合にはDの励起三重項から基底一重項状態への発光もAの基底一重項状態から励起三重項への吸収も禁制遷移なので，共鳴型のエネルギー移動は起こりにくい．$^3D^*$のLUMOの電子がスピンの向きを変えないでLUMO$_{(A)}$へ移ると同時にHOMO$_{(A)}$の逆向きのスピンがHOMO$_{(D)}$へ移って電子の交換が起こると，結果としてHOMO$_{(D)}$の電子が光励起によってLUMO$_{(A)}$へ移動して，三重項状態を保っていることになる（図3.13）．

LUMO$_{(D)}$のエネルギーがLUMO$_{(A)}$より高く，HOMO$_{(D)}$がHOMO$_{(A)}$より低いと電子交換型エネルギー移動が起こりやすい．この電子の交換相互作用は近距離にのみ起こる（$\exp(-R_{D-A})$の距離依存性を示すので，R_{D-A}とともに急激に減少する）．一重項エネルギー移動

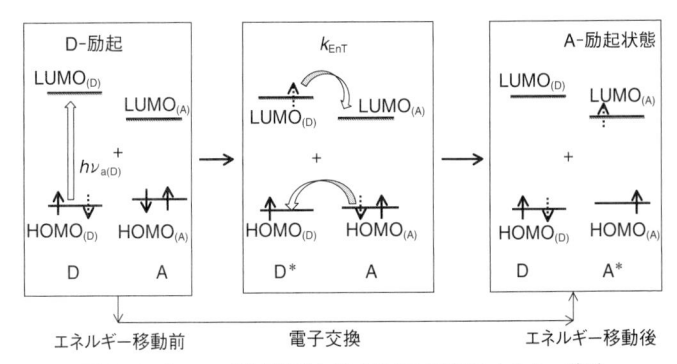

図 3.13 Dexter（電子交換）型の励起三重項エネルギー移動
LUMO$_{(D)}$がLUMO$_{(A)}$より高く，HOMO$_{(D)}$がHOMO$_{(A)}$より低いとエネルギー移動が起こりやすい．LUMO$_{(D)}$からLUMO$_{(A)}$へ移動し，HOMO$_{(A)}$からLUMO$_{(A)}$へ移動する電子スピンは向きを変えない．

でも D-A 間の距離が短い場合には Dexter（電子交換）機構が起こりうるが，距離が長い場合には Förster（共鳴）機構が優先する．三重項エネルギー移動における $^3D^*$ の寿命が長いと，Dexter（電子交換）機構が可能となり，$HOMO_{(D)}$ の 2 個の電子のうち 1 個は $HOMO_{(A)}$ のもの，$LUMO_{(A)}$ の電子は $LUMO_{(D)}$ のものであって，2 回の電子移動が同時に起きていることになる．

D の励起三重項のエネルギー準位が A のそれより高い混合系では，D のみを励起して過渡吸収測定すると $T_1 \rightarrow T_n$ 吸収の代わりに A の $T_1 \rightarrow T_n$ 吸収が観測されることから，励起三重項移動を実験的に確認できる．A の $T_1 \rightarrow T_n$ 吸収の吸収係数が未知のときにも，D の $T_1 \rightarrow T_n$ 吸収の既知の吸収係数から推算できる．

3.5 連結系分子の電子移動

3.5.1 D-sp-A 分子内の光誘起電荷分離

溶液中の D と A の分子間電子移動では，その組合せに加えて溶媒の極性，酸素の有無，溶質の濃度などといった諸条件で，電子移動の効率やメカニズムが変化する．これらの変化のしやすさを利点とする利用方法もあるが，条件によって変化しない電子移動系のほうが応用範囲は広くなるであろう．このために，D-sp-A 型の連結分子がそれぞれの設計指針に基づいて多数合成され，その光励起後の電子移動過程が詳細に研究されている．ここで，sp は基底状態では D と A の間で電子の非局在化や強い相互作用がないように空間的に隔てる役割をもち，しかも光で励起した状態では電子を伝達する役割を担っている．D-sp-A 連結分子内部の一次の電子移動反応で生成したラジカルイオン対（$D^{\bullet+}$-sp-$A^{\bullet-}$）は D-sp-A の連結系分子の電荷が分離した状態に対応するので（反応 (3.20) 式），電

荷分離過程（charge separation：CS）として，分子間の電子移動や個々の電子伝達過程と区別することが多い [16].

$$^1D^*\text{-sp-A} \xrightarrow{k^S_{CS(D^*)}} D^{\bullet+}\text{-sp-A}^{\bullet-} \tag{3.20a}$$

$$D\text{-sp-}^1A^* \xrightarrow{k^S_{CS(A^*)}} D^{\bullet+}\text{-sp-A}^{\bullet-} \tag{3.20b}$$

ここで，DとAを連結するsp鎖にどのような結合を採用するかによって電子の伝達距離や速度は左右される．まず，これらのsp鎖が短いときにはDからAへ電子を速やかに橋渡しするが，σ結合が剛直で長いときには，電子移動速度は遅くなる．σ結合が柔軟でDとAが近づくことができると空間を通じての電子移動が可能となる．共役π結合をsp鎖とすると，そのπ軌道を通じてかなり長距離の電子移動が可能となる．このような共役π結合をブリッジとよぶこともある．導電性のオリゴマーで連結したときにはさらに遠距離の電子の移動が可能で，とくに分子ワイヤーともよばれている．

3.5.2 D-sp-A 分子内の電荷移動相互作用

連結するσ結合が短い連結分子の基底状態でDのπ電子系とAのπ電子系が直接的に相互作用して分子内電荷移動（CT）の性質を有する場合（$D^{\delta+}\text{-}A^{\delta-}$と表す），CT 吸収帯の光励起によって分子内電荷移動の励起状態（$(D^{\delta+}\text{-}A^{\delta-})^* \equiv D^{\delta\bullet+}\text{-}A^{\delta\bullet-}$）となる．$D^{\delta\bullet+}\text{-}A^{\delta\bullet-}$の各成分が溶媒和されたり，中心結合が回転したりして分子構造が変化してラジカルイオン対（$D^{\bullet+}\text{-}A^{\bullet-}$）に変換されることもある（図3.14a）．DとAがある程度の長さの共役π結合のsp鎖の両端に結合している場合（たとえば，$D\text{-}(CH=CH)_n\text{-}A$），分子内 CT 型分子（$(D^{\delta+}\text{-}(CH=CH)_n\text{-}A^{\delta-})$）となり，その励起状

3.5 連結系分子の電子移動

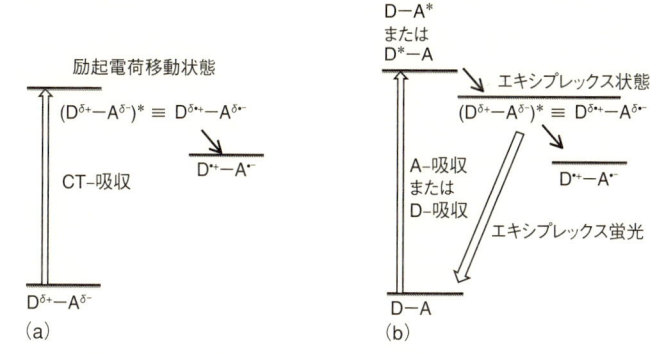

図 3.14 電荷移動分子 (a) と分子内エキシプレックス (b)
(a) 電荷移動分子 ($D^{\delta+}-A^{\delta-}$) の光励起後の励起状態 (($D^{\delta+}-A^{\delta-}$)* ≡ $D^{\delta\bullet+}-A^{\delta\bullet-}$) と電荷分離状態 ($D^{\bullet+}-A^{\bullet-}$) を区別したエネルギー図.
(b) 分子内エキシプレックス ($D^{\delta\bullet+}-A^{\delta\bullet-}$) と安定な電荷分離状態 ($D^{\bullet+}-A^{\bullet-}$) の関係. 両者は構造が変化していることもある.

態 (($D^{\delta+}-(CH=CH)_n-A^{\delta-}$)* ≡ $D^{\delta\bullet+}-(CH=CH)_n-A^{\delta\bullet-}$) で表現でき，$-(CH=CH)_n-$ にも不対電子密度が存在しうることになり，単純な連結鎖ではない．この状態から電荷分離状態 ($D^{\bullet+}-(CH=CH)_n-A^{\bullet-}$) になるためには，溶媒の再配向による強い溶媒和と何らかの分子構造変化（内部再配向）などを伴う必要がある．

これら共役型連結分子は D と A 混合系で分子間 CT 錯体を形成している場合とよく似ているが，違いは分子間のときには CT 吸収帯の励起によって，CT 錯体の励起状態を経て，その溶媒和などによってラジカルイオン対になり，またはそれがさらに解離してフリーラジカルイオンまで生成することである．

基底状態ではDのπ電子系とAのπ電子系が直接的に相互作用していないが，励起状態で電荷のやり取りがある場合は，エキシプレックスとよばれていて，吸収スペクトルにはCT吸収帯は現れな

いが，蛍光スペクトルにはDまたはAの蛍光より長波長側に幅広い蛍光が出現することが特徴で，CT錯体とは区別できる．図3.14bに分子内エキシプレックスの例を示したが，分子間エキシプレックスと本質的に同じである．DまたはAの励起状態を経てエキシプレックス（$D^{\delta\bullet+}-A^{\delta\bullet-}$）が生成し，その状態からエキシプレックス蛍光を発して基底状態に戻るが，極性溶媒中では電荷分離状態（$D^{\bullet+}-A^{\bullet-}$）へ移行することもある．溶媒の極性に依存してエキシプレックス（$D^{\delta\bullet+}-A^{\delta\bullet-}$）と電荷分離状態（$D^{\bullet+}-A^{\bullet-}$）の差は変化し，極性の高い溶媒中ではエキシプレックスはラジカルイオン対となる．

これらのD-A間の錯体の光化学は平面分子どうしの場合では重要な役割をするが，フラーレンのような球形分子と平面分子の組合せでは相互作用は小さく，顕著でない場合が多い．

3.5.3 D-sp-A 分子内の光誘起電荷分離の分子軌道表現

D-sp-AのD励起の場合（図3.15a），①でLUMO$_{(D)}$に励起された電子は，②のようにspのLUMOへジャンプし，③のLUMO$_{(sp)}$を通って，④でLUMO$_{(A)}$へ到達し，$D^{\bullet+}$-sp-$A^{\bullet-}$となる．このとき，D-sp-Aの光誘起電荷分離速度は②のLUMO$_{(D)}$からLUMO$_{(sp)}$へのエネルギー障壁と③のLUMO$_{(sp)}$内部の電子伝達能に依存する．共役π結合のspの場合にはπ性のLUMO$_{(sp)}$がσ性のLUMO$_{(sp)}$より低いので，②のエネルギー障壁は小さくなり，③のLUMO$_{(sp)}$の電子伝達能も高くなる．一方，σ結合のspの場合にはLUMO$_{(sp)}$が高く，エネルギー障壁は高くなりLUMO$_{(sp)}$電子伝達能も低くなる [16]．

図3.15bのA励起の場合，①でLUMO$_{(A)}$に電子が励起されたのち，②のように半占のHOMO$_{(A)}$にHOMO$_{(sp)}$から電子がジャンプし，③の半占のHOMO$_{(sp)}$を通ってDに近づくと，④でHOMO$_{(sp)}$へ

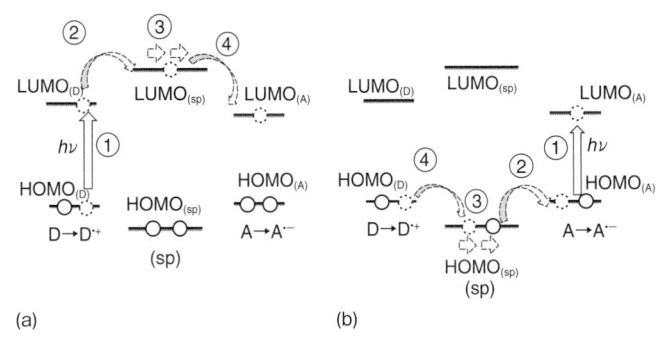

図 3.15 D-sp-A 連結分子の光誘起電荷分離機構の分子軌道表現

D-sp-A 連結分子全体の MO を成分の MO で表現している．HOMO$_{(D)}$ は全体の HOMO，HOMO$_{(sp)}$ と HOMO$_{(A)}$ は全体の HOMO$-n$，LUMO$_{(A)}$ は全体の LUMO だが，LUMO$_{(sp)}$ と LUMO$_{(A)}$ は全体の LUMO$+n$ に相当．◌ は移動している電子，○ は移動しない電子．
(a) ① D の光励起，② D から sp への電子ジャンプ，③ sp 内の電子伝達，④ sp から A への電子移動．
(b) ① A の光励起，② sp から A への電子ジャンプ，③ sp 内の電子伝達，④ D から sp への電子移動．

HOMO$_{(D)}$ の電子が移ることになり，D$^{•+}$-sp-A$^{•-}$ となる．このときも，共役 π 結合の sp では HOMO$_{(A)}$ と HOMO$_{(sp)}$ のエネルギー障壁が低くかつ，π 性の HOMO$_{(sp)}$ の電子伝達能も高い．σ 結合の sp では HOMO$_{(A)}$ と HOMO$_{(sp)}$ のエネルギー障壁が高くかつ，σ 性の電子伝達能も低くなる．

3.5.4 D-sp-A 分子内の電荷再結合の分子軌道表現

D と A のいずれを励起しても（(3.20a, b) 式），同じ D$^{•+}$-sp-A$^{•-}$ が生成するので，逆電子移動（連結分子内では電荷再結合過程（charge recombination：CR）とよばれる）は 1 種類（(3.21) 式）であるが，その経路には HOMO 経由と LUMO 経由とがある（図 3.16）．

$$\text{D}^{\bullet+}\text{-sp-A}^{\bullet-} \xrightarrow{k_{\text{BET}} \equiv k_{\text{CR}}} \text{D-sp-A} \tag{3.21}$$

HOMO経由の場合（図3.16a），①でD$^{\bullet+}$-sp-A$^{\bullet-}$のDの半占のHOMO$_{(D)}$へHOMO$_{(sp)}$から電子ジャンプし，HOMO$_{(sp)}$のホールがspを伝播してAの隣にくると，②のHOMO$_{(sp)}$へHOMO$_{(A)}$から電子移動して，③でLUMO$_{(A)}$の電子がHOMO$_{(A)}$に緩和して，D-sp-Aへ戻る．

一方，LUMO経由の場合（図3.16b），①でLUMO$_{(A)}$の電子がLUMO$_{(sp)}$へジャンプし，その電子がLUMO$_{(sp)}$を伝播してDの隣にきて，②のLUMO$_{(D)}$を経て，③で半占のHOMO$_{(D)}$へ緩和してD-sp-Aへ戻る．どちらの経路を経るかは最初の電子ジャンプのエネルギー障壁の高さとHOMO$_{(sp)}$とLUMO$_{(sp)}$の電子伝播能力の違いによって決まってくると考えられる．

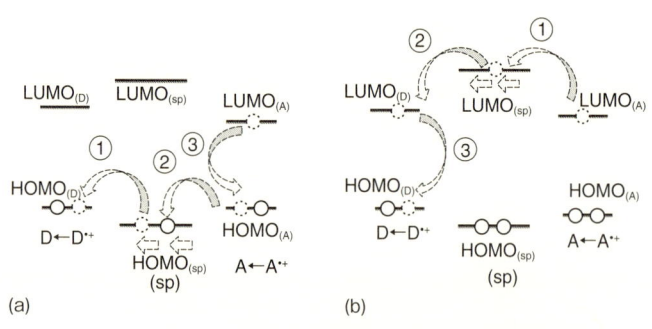

図3.16　D-sp-A連結分子の逆電子移動過程の分子軌道表現
(a) HOMO経由：①spのHOMOからDの半占のHOMOへの電子ジャンプ，②sp内のHOMO経由の電子伝達とAのHOMOから半占のspのHOMOへの電子ジャンプ，③Aの半占のLUMOから半空のHOMOへの電子緩和．
(b) LUMO経由：①AのLUMOからspのLUMOへの電子ジャンプ，②sp内の電子伝達後のDのLUMOへの電子移動，③DのLUMOから半占のHOMOへの電子緩和．

3.5.5 短い連結鎖分子の光誘起電荷分離過程

短い sp 鎖の例として C_{60} とビスビフェニルアニリン (BBA) を連結した二元系分子 (C_{60}-sp-BBA) を示す [17]．sp 鎖は C-C-C の 3 つの σ 結合であるが，シクロプロパンを構成しているので剛直で，図 3.17 中に示したように C_{60} と BBA は近づけないし，BBA 面が C_{60} に覆いかぶさるような構造もありえない．C_{60} の蛍光が消光され，ピコ秒レーザーパルス励起直後の蛍光減衰からピコ秒のオーダーで電荷分離していることが示唆される．実際，ピコ秒過渡吸収法で $C_{60}{}^{\bullet -}$-sp-BBA$^{\bullet +}$ の生成が確認されている．すなわち，A*-sp-D の例となるこれらの測定から，C_{60}-sp-BBA では励起一重項状態経由の電荷分離の速度定数 ($k^S_{CS(C_{60}*)}$) は 10^{10} s^{-1} となり，$C_{60}{}^{\bullet -}$-sp-BBA$^{\bullet +}$ の電荷再結合の速度定数は 10^9 s^{-1} であることが求められる．この値は一重項のラジカルイオン対からの電荷再結合 (k^S_{CR}) であることを示唆しているが，短い sp 鎖にしては比較的遅い電荷再結合である．図 3.17 に示したナノ秒過渡吸収スペクトル

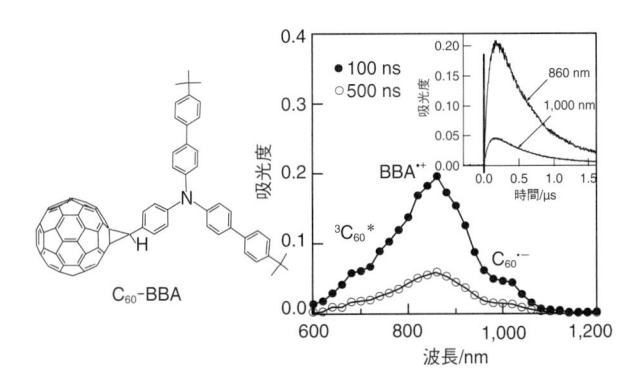

図 3.17　C_{60}-sp-BBA のナノ秒過渡吸収スペクトル [17]
挿入図は吸収極大の時間変化．

でも 860 nm に BBA•+の吸収帯が 1,000 nm の C_{60}•−の吸収帯の肩とともに明瞭に観測され，C_{60}•−-sp-BBA•+ が 1 μs まで存在することがわかる．図中の吸収極大の時間変化の立ち上がりは，レーザー幅（6 ns）よりはるかにゆっくりとしていて，200 ns に極大を示し，その後，1～2 μs までゆっくりと減衰し，短い sp 鎖にしてはきわめて遅い電荷再結合過程もあることがわかる．700 nm に見える吸収帯の肩は $^3C_{60}$* に起因すると思われる．

以上のように比較的単純な C_{60}-sp-BBA の光誘起電荷分離過程で生成したラジカルイオン対の逆電子移動（電荷再結合）過程は複雑な様相を呈している（(3.22) 式）．

$$^1C_{60}^*\text{-sp-BBA} \xrightarrow{k^S_{CS(C_{60}^*)}} {}^1[C_{60}^{•-}\text{-sp-BBA}^{•+}] \xrightarrow{k^S_{CR}} C_{60}\text{-sp-BBA}$$

$$\downarrow k_{ISC(C_{60})} \qquad\qquad \downarrow k_{ISC(\text{ラジカルイオン対})} \tag{3.22a}$$

$$^3C_{60}^*\text{-sp-BBA} \xrightarrow{k^T_{CS(C_{60}^*)}} {}^3[C_{60}^{•-}\text{-sp-BBA}^{•+}] \xrightarrow{k^T_{CR}} C_{60}\text{-sp-BBA}$$
$$\tag{3.22b}$$

C_{60}-sp-BBA の光誘起電子移動プロセスのエネルギー図は本質的には図 3.4 のラジカルイオン対生成と同じであると考えられる．$^1C_{60}$*-sp-BBA を経由して生成した C_{60}•−-sp-BBA•+ の大部分は一重項スピン状態で寿命が短く，中性分子に戻る．$^1C_{60}$*-sp-BBA の一部は $^3C_{60}$*-sp-BBA へ項間交差し，そこからゆっくりとした電荷分離が起こり長寿命のラジカルイオン対が生成すると考えられる．実際，図 3.17 の C_{60}•−-sp-BBA•+ のゆっくりとした立ち上がりから三重項のラジカルイオン対の生成が示唆され，その速度定数 $k^T_{CS(C_{60}^*)} \approx 10^7 \text{ s}^{-1}$ が求められる．これは $^3C_{60}$*-sp-BBA と C_{60}•−-sp-BBA•+ がほぼ同じエネルギー準位をもつときに特徴的な現象である．C_{60}•−-sp-BBA•+ の減衰から，その速度定数 $k^T_{CR} \approx 10^6 \text{ s}^{-1}$ が求め

られているが，この長寿命のラジカルイオン対の原因のひとつは三重項スピン状態であろう．

これに加えて，$C_{60}{}^{\bullet-}$-sp-BBA${}^{\bullet+}$の電荷再結合過程が遅いのはMarcus理論の逆転領域に属しているためであることも考えられる．図3.18a に C_{60}-sp-BBA の模式的なエネルギー図を示した（＊は一部省略）．${}^1C_{60}{}^*$-sp-BBAからの電荷分離過程のλ_{total}は実験的には0.4 eV程度と小さく，${}^1C_{60}{}^*$-sp-BBAからの$-\Delta G°_{CS}$は0.5 eVで（${}^3C_{60}{}^*$-sp-BBAからの$-\Delta G°_{CS}$は0.3 eV），Marcus理論のベル形曲線の頂点に近く，$k^S{}_{CS}$は大きくなる（図3.18bのλ_{total}(小)を参照）．この過程で生成した$C_{60}{}^{\bullet-}$-sp-BBA${}^{\bullet+}$の$-\Delta G°_{CR}$は1.3 eV程度となり，電荷再結合過程のλ_{total}も電荷分離過程のλ_{total}とほぼ同じと仮定すると，電荷再結合速度定数は逆転領域に入り，$k^S{}_{CR}$は小さくなる．

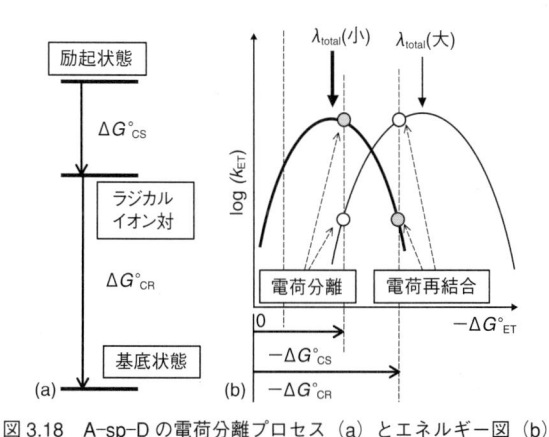

図3.18 A-sp-Dの電荷分離プロセス（a）とエネルギー図（b）
(a) 多くのC_{60}-sp-Dで$|\Delta G°_{CS}| \ll |\Delta G°_{CR}|$．(b) Marcus理論のベル形曲線（電荷分離過程と電荷再結合過程は近似的に同じ曲線で描いた）．λ_{total}(小) ≈ $|\Delta G°_{CS}| < |\Delta G°_{CR}|$のときに$k_{CR} < k_{CS}$が予想(●)され，$\lambda_{total}$(大) ≈ $|\Delta G°_{CR}| > |\Delta G°_{CS}|$のときに$k_{CR} > k_{CS}$が予想（○）される．

さらに，$C_{60}^{•-}$-sp-BBA$^{•+}$ の再結合が遅いと，エネルギー的に近い $^3C_{60}^*$ の影響を受けて $C_{60}^{•-}$-sp-BBA$^{•+}$ が三重項スピンの性質を獲得して k^T_{CR} はさらに小さくなる．図 3.18b では，比較のために λ_{total} が大きく（>1 eV），$\lambda_{total} \approx |\Delta G°_{CR}| > |\Delta G°_{CS}|$ のケースも示したが，このときには $k_{CR} > k_{CS}$ となってしまい，λ_{total} が小さい値の C_{60} ではラジカルイオン対の寿命を延ばすためには有利であることを示している．

3.5.6　長い連結分子鎖の電子伝達能

図 3.19 に極性溶媒中における亜鉛ポルフィリン（ZnP）と C_{60} をスペーサーで連結した三元系分子（ZnP-sp-C_{60}）の ZnP の励起一重項状態から始まる電荷分離の様子を分子軌道で示した．ここで sp は π 共役鎖であるが，C_{60} の π 電子系とは σ 結合を介して結合して共役は切れている．ZnP とはベンゼン環を介して結合して共平面からずれているので，ここでも π 共役は切れていることが図 3.19 の分子軌道から推測される．これらの分子の電荷分離過程は，図 3.15a の D-励起に対応している [16, 18]．

図 3.19 の中央には光誘起電子移動に関与する分子軌道を示し，左右の端にそのエネルギー準位を示してある．分子全体の HOMO は ZnP に属し，LUMO は C_{60} に属しているので，最安定ラジカルイオン対は ZnP$^{•+}$-sp-$C_{60}^{•-}$ である．ZnP の光励起（$h\nu$）は HOMO から LUMO+5 への電子遷移に対応し，電荷分離過程（CS）は LUMO+5 の ZnP の電子が LUMO+14 の sp へ飛び上がり（CS-1 ステップ），sp 鎖の LUMO+14 を伝播して C_{60} の LUMO へ移動し（CS-2 ステップ），最終的に ZnP$^{•+}$-sp-$C_{60}^{•-}$ を生成する．一方，電荷再結合過程（CR）は sp 鎖に属している HOMO−2 から ZnP$^{•+}$ の半占 HOMO へ電子がジャンプし（CR-1 ステップ），その結果生成した

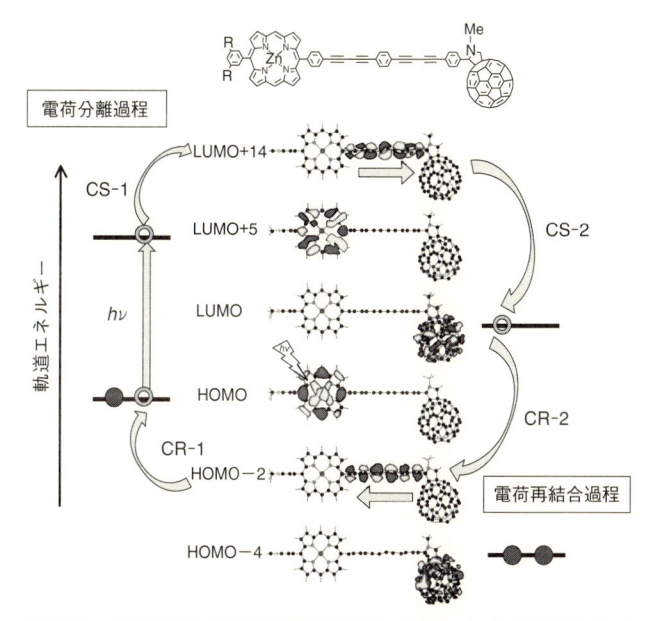

図 3.19 三元系連結分子の光誘起電子移動メカニズムの分子軌道 [16]
分子構造は最上段に示す．

半占の HOMO−2 へ $C_{60}^{\bullet-}$ の電子が移り (CR-2 ステップ)，元の中性分子へ戻ることに相当する．

連結鎖 sp が長く D と A の間の相互作用が小さいとき，電荷分離速度は sp 鎖の電子伝達能に依存する．sp の電子伝達能を評価する方法として電子移動速度が sp 鎖の長さ（厳密には D と A の中心間距離：R_{D-A}）の増大とともに減少する減衰係数（β_{CS}）がよく使われ，(3.23) 式で定義されている．ここで，k_{CS}^0 は $R_{D-A} \to 0$ のときの仮想的な値である（＊印は省略）．

$$\ln k_{CS} - \ln k_{CS}^0 = -\beta_{CS} R_{D-A} \tag{3.23}$$

β_{CS} の値が小さいほど，長距離電子伝達が可能であることを示している．図 3.20 に速度定数 k_{CS} の β_{CS} の値をまとめた．図 3.15a の D–励起に対応する分子の電荷分離過程の β_{CS} 値は連結分子の LUMO$_{(sp)}$ のエネルギー準位とその電子伝達能を反映している．たとえば，β_{CS} の値が 0.025 Å^{-1} と小さい π 電子共役連結鎖をもつ分子では 100 Å ごとに電荷分離速度定数は 1/10 だけしか減少しないので長距離伝達するが，β_{CS} の値が 0.25 Å^{-1} と大きい連結鎖では 10 Å ごとに電荷分離の速度定数は 1/10 と大きく減少し，短距離伝達しかできない．また，実験で蛍光寿命のみから β_{CS} を求める際，ZnP の励起一重項状態から C$_{60}$ へのエネルギー移動が電子移動と併発するので，解析には細心の注意が必要である．sp 鎖が長いときには k_{CS} が小さくなり，ZnP の励起一重項状態から三重項状態への項間交差が優勢になり，ZnP の励起三重項状態からの電子移動へと反応ルートが変化する場合があり，k_{CS} に大きく影響するので (3.23) 式の関係を示す直線からずれる．これらの注意事項を考慮して求められた β_{CS} 値を図 3.20 にまとめてある．

オリゴアセチレン鎖の $\beta_{CS}=0.07$ Å^{-1} に対して，オリゴアセチレンにフェニル基を挿入したオリゴフェニレンアセチレン鎖では $\beta_{CS}=0.25$ Å^{-1} と増加し，オリゴフェニレンアセチレンの場合にはフェニル基が長距離の電荷分離を阻害している．これは，オリゴビニレンにフェニル基やチオフェン基を挿入しても $\beta_{CS}=0.02\sim 0.03$ Å^{-1} と小さく，オリゴビニレンが長距離の電荷分離を保持できるのとは対照的である．オリゴチオフェン鎖の場合には $\beta_{CS}=0.03$ Å^{-1} と小さく，長距離の電荷分離が可能である．σ 共役として知られている伸長したオリゴシラン鎖の電荷再結合過程では $\beta_{CS}=0.16$ Å^{-1}

3.5 連結系分子の電子移動　103

化合物	構造	減衰係数
オリゴアセチレン	—≡—≡—≡—≡—	$\beta_{CS} = 0.06\sim0.08$ Å^{-1}
オリゴフェニレンアセチレン	—≡—≡—⟨⟩—≡—≡—	$\beta_{CS} = 0.25$ Å^{-1}
オリゴフェニレンビニレン	—⟨⟩=⟨⟩—	$\beta_{CS} = 0.02\sim0.04$ Å^{-1}
オリゴチオフェン	(チオフェン4量体)	$\beta_{CS} = 0.03$ Å^{-1}
オリゴチオフェンビニレン	(チオフェン-ビニレン-チオフェン)	$\beta_{CS} = 0.02$ Å^{-1}
オリゴシラン	-Si(R)-Si(R)-Si(R)-	$\beta_{CS} = 0.16$ Å^{-1}

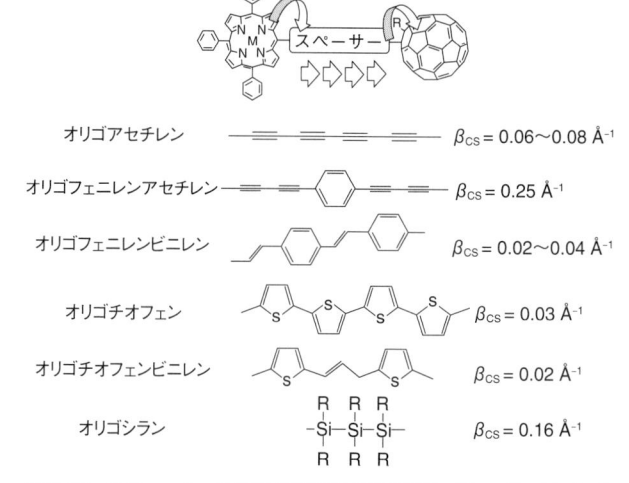

図 3.20 ZnP-sp-C$_{60}$ の電荷分離速度の減衰係数 (β_{CS} (Å^{-1})) [16]
ベンゾニトリル中でZnPを励起．オリゴシラン鎖は伸長構造のβ_{CS}値．オリゴチオフェン鎖はジクロロベンゼン中では$\beta_{CS}=0.15$ Å^{-1}．

となって，C–Cのσ結合の一般的なβ_{CS}値の1/10程度で，オリゴシラン鎖の LUMO の優れた電子伝達性を示している．

オリゴチオフェン鎖の場合には極性の低い溶媒（ジクロロベンゼン）では$\beta_{CS}=0.15$ Å^{-1}となり，高い極性溶媒（ベンゾニトリル）中のβ_{CS}値（0.03 Å^{-1}）と比べてかなり増大して長距離の電荷分離が阻害される．これは連結鎖中を移動している電子にsp鎖周辺の溶媒の極性が関与していることを示唆している．オリゴチオフェン鎖の LUMO のエネルギー準位が低いため ZnP や C$_{60}$ の LUMO のエネルギー準位に接近して，オリゴチオフェン鎖に電子が滞在しているためであると考えられる（いわゆるホッピング機構に近いイメージであろう）．

実際，オリゴチオフェンが長くなれば極性溶媒中ではLUMO$_{(sp)}$エネルギー準位はMPやC$_{60}$のLUMOのエネルギー準位より低くなる可能性もあるので，LUMO$_{(D)}$からLUMO$_{(sp)}$への電子ジャンプする速度も速くなり，β_{CS}を低下させる効果が期待できる．

ZnP$^{•+}$-sp-C$_{60}$$^{•-}$の電荷再結合過程の$k_{CR}$値はsp鎖の長さによってラジカルイオン対のスピン状態が一重項から三重項へ変化すると大幅に変化するので，これらを考慮して慎重にβ_{CR}値を評価する必要がある．図3.20にはβ_{CR}値は示していないが，おおむね$\beta_{CS} \approx \beta_{CR}$の関係がある．ZnP$^{•+}$-sp-C$_{60}$$^{•-}$の電荷再結合過程としては，図3.15に示したHOMO経路とLUMO経路が考えられるが，電荷再結合過程も電荷分離過程と同様にLUMO経路である可能性と，電荷再結合過程がHOMO経路であるとしたらLUMO$_{(SP)} \approx$ HOMO$_{(SP)}$の可能性もある．これに答えるためには，実験的データが不足している．

また，オリゴチオフェン鎖やオリゴチオフェンビニレン鎖の場合，ZnP$^{•+}$-sp-C$_{60}$$^{•-}$の電荷再結合過程でこれら連結鎖のラジカルカチオンの吸収が過渡的に観測されるので，ZnP-sp$^{•+}$-C$_{60}$$^{•-}$を経て中性分子へ戻るホッピング機構であることがわかる．図3.16aから，この現象はオリゴチオフェン鎖やオリゴチオフェンビニレン鎖の電荷再結合過程がHOMO$_{(SP)}$経由であることを示唆している．すなわち，図3.19においてHOMO$_{(SP)}$のレベルがZnPやHOMOのレベルに近くなってZnP-sp$^{•+}$-C$_{60}$$^{•-}$のエネルギー準位がZnP$^{•+}$-sp-C$_{60}$$^{•-}$のエネルギー準位に近づくためである．

3.6 空間経由の電子移動

DとAを共有結合で直接連結しないで，空間的にある距離まで近接させることがロタキサン構造（(D, A)$_{Rot}$と略記）やカテナン

3.6 空間経由の電子移動

構造によって可能である（図3.21）．その近接距離や接近頻度などはロタキサンやカテナンの構造を工夫することによって制御することができる．電子移動の観点からは，これらの空間的に制限された領域の動きは溶液中のDとAが自由に拡散できる混合系と剛直なspをもつD-sp-A連結分子の中間に位置するので，特異な挙動が予想される．柔軟なspをもつD-sp-A連結分子と類似の挙動を示す場合が多いが，このときにはCT錯合体やエキシプレックスなどDとAの間で軌道の重なりや電荷のやり取りがありうる場合もあるが，ロタキサンでは構造上それほど接近することはないことが多

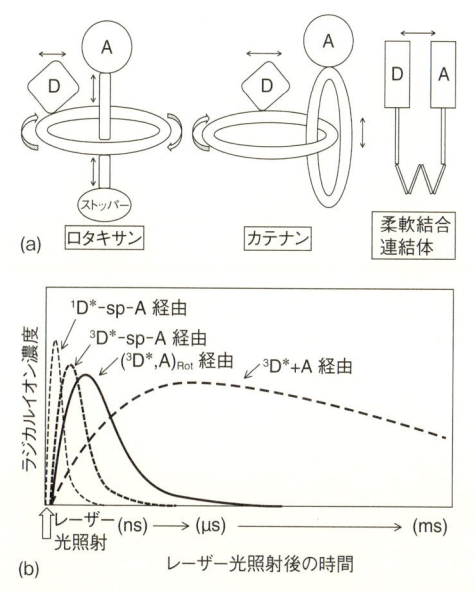

図3.21 (a) ロタキサン，カテナンおよび柔軟結合連結体の空間経由の電子移動．
(b) ラジカルイオンの生成-減衰曲線

い [19].

D•+ または A•− の生成曲線と減衰曲線を模式的に図 3.21b に示す．混合系では立ち上がり速度は励起種と反応する相手の濃度に依存するが，k_{ET}^{*2nd} が拡散律速で $5×10^9$ M^{-1} s^{-1} とすると相手の濃度が 0.0001 M 程度のときには，励起三重項状態経由の分子間電子移動が起こり，擬一次の速度定数 $k_{ET}^{1st}=5×10^5$ s^{-1} となり，D•+ または A•− の立ち上がりは 2 µs 程度となる．一方，D−sp−A 連結分子では励起一重項状態からの D•+−sp−A•− の立ち上がりは濃度に依存せずに 0.1〜0.2 ns 程度と非常に速く，励起三重項状態からの立ち上がりも 10〜20 ns 程度と比較的速い．

ロタキサンの場合，D と A の相対位置の変動幅が小さいときには電子移動は励起一重項状態から起こり，ロタキサンのラジカルイオン対（$(D•+, A•−)_{Rot}$ と略記）の立ち上がりは 0.5〜1.0 ns 程度と連結分子より遅くなる．相対位置の変動幅が大きいロタキサンのときには電子移動は励起三重項状態から起こり，$(D•, A•−)_{Rot}$ の立ち上がりは 100〜200 ns 程度とさらに遅くなるが，同程度の濃度の混合系よりは速くなる．

逆電子移動も分子間反応では，極性溶媒中で D•+ と A•− の 2 分子反応となり，減衰に 10 µs 以上と長時間を要するが，ロタキサン中の $(D•+, A•−)_{Rot}$ では，1 µs 以内と速くなり，混合系と剛直な sp をもつ D−sp−A 連結分子の中間的な挙動を示す．

ロタキサンなどの分子内部の D 成分や A 成分の動きを利用したモレキュラーマシンと電子移動を連動させるアイデアが多数提案されている．

3.7 三元系分子の電子移動

DとAの二成分系に第三成分を加えて電子移動で生成したラジカルイオン対の電子やホールを第三成分へ移して電子中心とホール中心を引き離し,電荷再結合を遅くすることが可能である.図3.22aのような電荷分離-電子シフト系($D-A_1-A_2$)のとき,D励起またはA_1励起による電荷分離によって$D^{•+}-A_1^{•-}-A_2$が生成したのち,A_2の還元電位がA_1のそれよりもより負であると$A_1^{•-}$からA_2へ電子をシフトし$D^{•+}-A_1-A_2^{•-}$となり,$D^{•+}$と$A_2^{•-}$の分離距離が長くなり,逆電子移動が遅くなって,電荷分離状態をさらに後続反応に利用する機会を増やすことができる.

図3.22bのように電荷分離が起きたのちホールシフトが起きるような三元系分子($A-D_1-D_2$)のとき,A励起またはD_1励起によって$A^{•-}-D_1^{•+}-D_2$が生成したのち,D_2の酸化電位がD_1のそれよりも小さいと,$D_1^{•+}$からD_2へホールシフトして$A^{•-}-D_1-D_2^{•+}$となり,$A^{•-}$

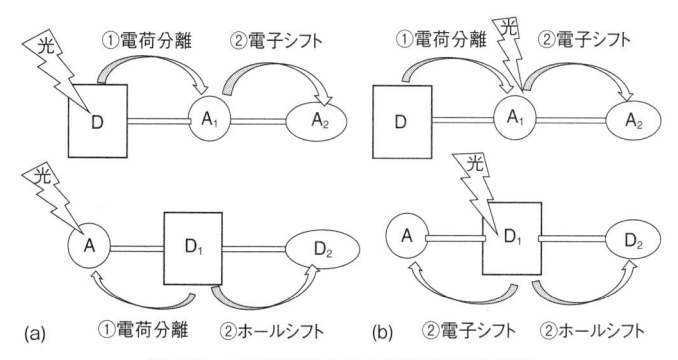

図3.22 三元系連結分子の光誘起電荷分離系
(a) 光誘起電荷分離(CS)-電子シフト(ES)系.
(b) 光誘起電荷分離(CS)-ホールシフト(HS)系(ホールの移動方向は電子の方向と逆).

と $D_2^{•+}$ の距離が長くなり，逆電子移動が遅くなる．このように電子やホールが順次伝播することはカスケード現象とよばれており積極的に利用されている．

3.8 光増感剤を含む多元系分子の電子移動

光を捕集し，そのエネルギーを隣接したDまたはAへ与える光増感剤（Sens）を連結した図3.23aのような三元系分子（Sens-D-A）ではSensからDへ励起エネルギーが移動して励起Dと隣接Aとの間で電荷分離が起こる．図3.23bのようにSensとAが空間的に近い場合ではSensからAへ励起エネルギーが移動して励起Aと隣接Dとの間で電荷分離が起こる．

このようにしてDやAの吸収が弱いときに可視光を吸収するSensを導入することによってD-A間の電荷分離の光変換効率を高めることができる．

例として，ジフルオロジピリリンホウ素（BDP）をSensとし，亜鉛ポルフィリン（ZnP）をD，そしてC$_{60}$をAとする三元系分子を図3.24に示す [20]．可視光領域に強い吸収をもつBDPの光照

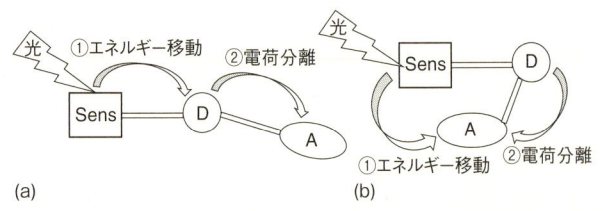

図3.23 光増感剤を含む連結分子の光誘起エネルギー移動-電荷分離系
(a) 結合経由エネルギー移動の場合．
(b) 空間経由エネルギー移動が結合経由エネルギー移動に優先する場合．

3.8 光増感剤を含む多元系分子の電子移動　109

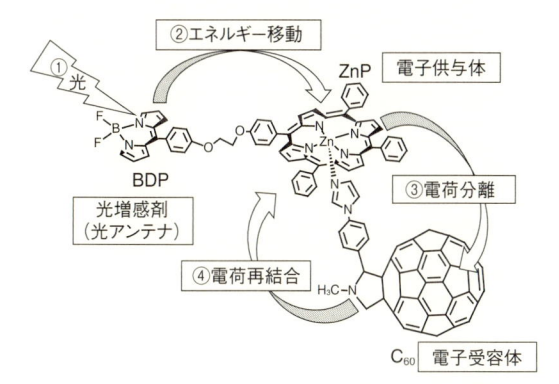

図 3.24　人工光合成モデル分子の例（(BDP–ZnP–C$_{60}$)）[20]
左端のジフルオロジピリリンホウ素（BDP）が Sens に，中心の亜鉛ポルフィリン（ZnP）が D，左端の C$_{60}$ が A に相当し，C$_{60}$ に結合したイミダゾール基が亜鉛イオンに配位している．

射で生成する ^{1}BDP*–ZnP–C$_{60}$ からのエネルギー移動によって BDP–^{1}ZnP*–C$_{60}$ が生成する．続いて，^{1}ZnP* から C$_{60}$ への電子移動が起きて BDP–ZnP$^{•+}$–C$_{60}{}^{•-}$ が生成することが時間分解蛍光スペクトルと過渡吸収スペクトルから確認されている．

実際には ZnP も C$_{60}$ も可視光領域の別々の波長領域に吸収帯があり，それらの励起状態からも電荷分離が起こるので，太陽光の大部分を吸収して電荷分離に利用できる．

Sens と D および A を，共有結合ではなく配位結合や水素結合によって連結することもできる．配位結合による連結分子は共有結合をもつ連結分子と同じような電子移動の挙動を示すが，その利点は配位能力をもつ第三物質を添加して多様な分子設計が容易であることである．水素結合を使って Sens と D および A を特定の位置に配置することもできる．

共有結合に加えて配位結合や水素結合を組み合わせると，共有結

合のみの連結分子の合成に比較して容易に複雑な超分子を組み立てることができる．Sens-D-A 型の超分子では，Sens と D および A 間の結合経由の電子移動と空間経由の電子移動が併発することもある．また，Sens-Sens-Sens，D-D-D や A-A-A などの多重構造や Sens-D-A-Sens-D-A 型の多重交互構造でも光増感電子移動-電子シフトなどが逐次的に起こりうる．これは自然界の光合成システムで起きている光捕集-エネルギー移動-電荷分離-電子シフトと最終電荷分離状態の長寿命化などを模倣して，より強固で高効率な人工光合成システムが多数提案されている．超分子構造は複雑になっても，電子移動の原理は本書で述べたことが基礎になっている．

配位結合や水素結合によって構成された超分子と共有結合による連結分子の違いのひとつは，超分子は連結分子の成分の平衡混合物であることと，その構造と組成は溶媒との相互作用によって大きく変化することである．光励起で電子移動している間にも超分子中の Sens や D と A の相対的位置が変動していることは光による結合切断などのダメージを回避する可能性もあり，有機分子のもつ光不安定性を克服できる可能性も指摘されている（太陽電池と電子移動についてはコラム 16 を参照）．

3.9 まとめ

光誘起電子移動は電子移動研究の主要部であって，その基礎研究も応用研究も着実に進展しつつある．ここではその基礎事項について解説してきたが，いくつかの注意事項を挙げておきたい．

励起状態からの過程で電子移動とエネルギー移動が競争的に起こる場合，まずどちらが優先するかを決めなければならない．励起一重項からの現象では蛍光消光が重要な情報となるが，この 2 過程

コラム 16

太陽電池と電子移動

太陽電池にはすでに市販されているシリコン系太陽電池はじめ,色素増感半導体太陽電池および有機薄膜太陽電池など,多くの種類がある.いずれも光の照射で発生した電子とホールの発生に始まり,いかに逆電子移動を抑制して電子を電極に移動させるかが基本である.

図1の色素増感半導体系の太陽電池(Grätzel(グレッチェル)セル)も,基本は紫外線に有効な Honda-Fujishima 効果(色素のない溶液で半導体電極を直接励起で電流が得られる)を基本にして,色素を半導体に吸着させて太陽光吸収および電子注入剤として利用するものである.電解質溶液を固融化したり,色素の光退色を防いで,長寿命化するなどの研究が進んでいる.

図2の薄膜状有機太陽電池はフレキシブルで利用の幅広い用途が提案されている.それぞれの長所を活かして,多様な利用方法が提案されている.

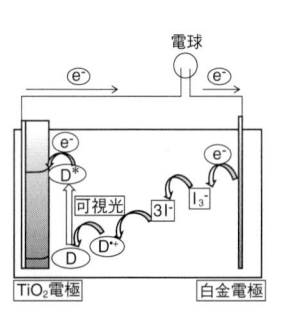

図1 色素増感太陽電池(ITO: TiO$_2$電極,D色素,I$_3^-$/I$^-$ レドックスサイクル)

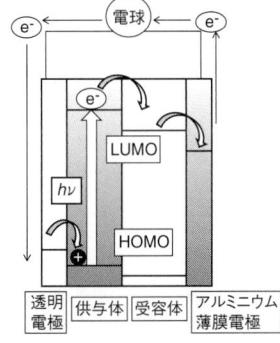

図2 フィルム状有機色素太陽電池

を区別するためには,それぞれの生成物を確認する必要がある.エネルギー移動のときには,定常蛍光測定装置で励起スペクトルを測定すればよいわけであるが,多成分の系のときには蛍光と吸収の重なりなどを慎重に見極める必要がある.蛍光強度が非常に弱い場合も慎重な検討を要する.電子移動では必ず過渡吸収でラジカルイオンの生成を確認しなければならない.この際には溶媒の極性を変えて,両者の寄与の程度を判別することも不可欠である.D-A連結分子では,Dからの励起エネルギー移動で生成したAの励起状態からD-A間の電荷分離が起こりうることも指摘されているので,細心の注意が必要である.

次にラジカルイオンの寿命が数マイクロ秒を超えて長寿命化すると,三重項状態の寿命と同じ時間帯になる可能性が高くなってくる.ラジカルイオンの過渡吸収が三重項状態の過渡吸収と重なってくるときには,それぞれの寿命を慎重に区別しなければならない.しかし,ラジカルカチオンの吸収帯と三重項状態の吸収帯が重なっていなくても,ラジカルイオンが減衰して吸光度が低くなると吸収位置の離れた三重項状態の過渡吸収の裾が無視できなくなる.たとえば,DとC$_{60}$の連結分子で1,000 nmのC$_{60}$・$^-$吸収の減衰曲線に700 nmの^{3}C$_{60}$*吸収のゆっくりとした減衰が時間とともに混ざってきて,本来短いC$_{60}$・$^-$吸収の寿命を^{3}C$_{60}$*吸収の長い寿命と間違える可能性もある.過渡吸収の測定強度が差吸光度で0.001から0.0001程度まで精度良く測定可能になってくると,精度の悪かったころには無視できたような問題が顕在化することになる.

現在までの膨大な研究の蓄積のなかには必ずしも正しく解釈されなかった研究例が意外に多く紛れこんでいる可能性も多いので,吟味が必要である.これは,分子設計の進展とともに二元系分子や三元系分子から多元系分子と複雑になるにつれて,同じ分子での実験

の再現性の検証が難しくなってきていることも一因である.本書の説明や解釈を含めて,原著論文なども常に批判的な視点で再検討することも,高速で起こる光誘起電子移動の分野では必要なことであると思われる [21].

■**問題3.1** D分子最低励起状態のエネルギー=2eV, $E_{OX(D)}=0.4$V, $E_{RED(A)}=-1.0$ V のとき,フリーラジカルイオンの $\Delta G°_{ET(D*)}$ と $\Delta G°_{BET}$ を求めよ.ただし $E_{Coulomb}=-0.1$ eV とせよ.

■**問題3.2** (3.23) 式において
(1) D-sp-A の $\beta_{CS}=0.23$ Å^{-1} で,sp=5 Å のとき $k_{CS}=5\times10^9$ s^{-1} であるとき,sp=15 Å に伸びたときの k_{CS} を求めよ.
(2) D-sp-A の $\beta_{CS}=0.023$ Å^{-1} で,sp=5 Å のとき $k_{CS}=5\times10^9$ s^{-1} であるとき,sp=105 Å に伸びたときの k_{CS} を求めよ.

■**問題3.3** 環状ステロイド連結体(図2.4の構造類似)で σ 結合の長さが 2 Å 増えるごとに k_{CS} が半分になるとするときの β_{CS} を求めよ.

■**問題3.4** 光照射で電子移動とエネルギー移動が起こる可能性があるD+Aにおいて,電子移動の寄与を増大させる条件とその確認方法を述べよ.エネルギー移動の寄与を増大させる条件とその確認方法も述べよ.

第4章

展望と課題

　電子移動の研究対象は分子間の現象から連結分子内の現象まで広範囲に及んでいる．電子の動きは化学の最も基本的事項で，実験的事実と理論的な解釈が最も直接的に結びついている．単純な分子軌道法による電子移動過程の理解も容易であるし，比較的容易に計算できるようになった複雑な分子連結体の分子軌道による解釈も可能になってきた．ポテンシャル曲線による電子移動過程の理解も反応の全体像を組み立てるのに重要である．理論を組み立てるときに重要な反応速度のデータの取得と蓄積も，高速反応追跡法の発展とともに可能となってきた．化学合成法の進展によって電子移動の研究に適した新規化合物も多数出現するようになってきている．それによって，電子移動の理論も Rehm-Weller の提案から Marcus 理論までより精緻になってきている．高速反応追跡法と新規連結分子の合成などが総合されて，電子移動の総合的理解は今後もますます深められていくものと期待される．

　電子供与体，電子受容体，および連結分子(スペーサー，ブリッジ，分子ワイヤー)の研究も，より効率の高い分子の組合せ，成分分子の研究しやすさ，合成の容易さ，安定性などの要因を多方面から考慮して進歩している．たとえば，光誘起電子移動で最もよく使われている光増感性の電子供与体のポルフィリンは過渡吸収の測定ではそのラジカルカチオンが確認しにくいが，類似体のフタロシアニンはその

点明瞭なラジカルカチオンの吸収が観測される利点がある（ただし，溶解度が低いのが難点でもある）．電子受容体では自然界で採用されているベンゾキノンの研究からフラーレンへと研究の主流が移りつつあるが，それは再配向エネルギーが小さいことに加えて，フラーレンのラジカルアニオンの吸収の明瞭さなど，利点が多いためである．

　レーザーの短寿命化と出力の安定性，および，波長の選択の容易さなどが高速反応追跡法を進展させ，光誘起電子移動研究に大きく寄与している．一方，電子線パルス装置は限られた大規模な施設でのみ可能であるが，電子移動の研究には不可欠である．

　人工光合成モデル分子系として不可欠の要素のひとつとして，分子内電荷分離状態が長寿命であることが要求されている．そのためには，電荷再結合過程がMarcus理論の逆転領域に深く入っていること，ラジカルイオン対のスピン多重度との相乗効果が提案されている．ラジカルイオン対のスピン多重度，とくに三重項状態を認識するのに有効であると期待されている時間分解電子スピン法が必ずしも有効に使われていないのが現状である．また，過渡吸収や時間分解蛍光法で精度よく測定できる温度領域と時間分解電子スピン法の温度領域が必ずしも重ならないなどの問題点もある．このため，電子移動速度の温度変化の実験的および理論的な整合性には未解決な部分が残っているといわざるをえない．

　本書で取り扱った電子移動は溶液中の現象に限られていたが，これらの知識に基づいて，半導体固体や液体との界面の電子移動であるHonda-Fujishima効果や，色素太陽電池の原理の理解へ進むこともできる．最近は有機薄膜中の電子移動は薄膜太陽電池に発展しているので，異種分子集合体との接触面での電子移動の理解も必要になっている．このような新しい問題にも本書の読者がチャレンジすることを望んで止まない．

問題の解答案

問題 1.1
(1) $\Delta G° = 0.08$ eV. (2) $K = 0.045$. (3) $[D^{•+}]_e = [A^{•-}]_e = 0.000\ 175$ M, $[A^{•+}]_e/[D]_0 \times 100 = 17.5\%$. (4) $[A^{•-}]_e = 0.000\ 475$ M, $[A^{•+}]_e/[A]_0 \times 100 = 47.5\%$.

問題 1.2
(1) $K_{レーザー直後} = 0.015$. (2) 定常濃度に戻る速度 6×10^8 M^{-1} s^{-1}. (3) $\varepsilon = 10{,}000$ M^{-1} cm^{-1}.

問題 2.1
(1) $x = (\lambda + G°)/2\lambda$, $y = (\lambda + G°)^2/4\lambda$. (2) $x = 1/2$, $y = \lambda/4$. (3) $x = 0$, $y = 0$. (4) $x = -1/2$, $y = \lambda/4$.

問題 2.2
(1) $\beta = \lambda(\alpha\lambda - G(1-\alpha))$ とすると,交点は $x = (\lambda \pm \beta^{1/2})/\lambda(1-\alpha)$, $y = \alpha\lambda x^2$ (x の数値代入).
(2) ロピタルの定理については数学の参考書を見よ.
(3) $\alpha < 1$ では $\alpha = 1$ より平坦な非対称ベル形曲線となり,$\alpha > 1$ では尖った非対称ベル形曲線となる.逆転領域で差が大きくなる.

問題 2.3 (2.7) 式において,λ_{outer} は 1.0～2.4 eV の範囲で変化する.ただし,$(e^2/4\pi\varepsilon_0) = 14.4$ eV,R Å 単位.

問題 2.4
(a) 原系と生成系とが同じような性質の電子移動反応を選ぶ(電子交換,電子シフト,ホールシフトなど).(b) 分子間電子移動の場合には,拡散速度定数が分子間電子移動速度定数より小さくならないように粘度の低い溶媒を選ぶ.(c) 電子的相互作用が強い断熱的反応は避ける.(d) 電子的相互作用が弱い非断熱的反応も避ける.

問題 3.1
(3.5) 式から $\Delta G°_{BET} = -1.5$ eV.
(3.1b) 式から $\Delta G°_{ET(D^*)} = -0.5$ eV.

118   問題の解答案

問題 3.2 (3.23)式から
(1) $k_{CS}=5\times 10^8\,s^{-1}$.
(2) $k_{CS}=5\times 10^8\,s^{-1}$.

問題 3.3 (3.23)式から　　$\beta_{CS}=-0.35\,\text{Å}^{-1}$.

問題 3.4 解答例.

(電子移動) 電荷分離過程や電子移動過程の自由エネルギー変化が再配向エネルギーの近傍の値となるように系を選ぶか,溶媒を変える.このことを考慮して極性溶媒にすることが有利な場合が多い.イオンラジカルの過渡吸収を確認する.過渡吸収が測定できない場合はビオロゲンなどの電子受容体と犠牲的ホールシフト剤を加えて安定なビオロゲンラジカルカチオンの生成を確認する.

(エネルギー移動) 無極性溶媒中で増大.Förster型のときにはエネルギー供与体の蛍光とエネルギー受容体の吸収が重なるようにする.また,エネルギー供与体の励起によってエネルギー受容体の蛍光が発することを確認する.

参考文献

[1] 大野公一,岸本直樹,山門英雄,『図説量子化学—分子軌道への視覚的アプローチ』,化学サポートシリーズ,裳華房 (2002).
[2] Kavamos, G.J. 著,小林 宏 編,菊池公一ら 訳,『光電子移動』,丸善出版 (1998).
[3] 渡辺 正,中村誠一郎,『電子移動の化学—電気化学入門』,朝倉書店 (2010).
[4] Luo, C., Fujitsuka, M., Ito O. et al. Linear Free-Energy Relationship for Electron-Transfer Processes of Pyrrolidinofullerenes with Tetrakis (dimethyl-amino) ethylene in Ground and Excited States. *Physical Chemistry Chemical Physics*, **1**, 2923–2928 (1999).
[5] Marcus, R. A. On the Theory of Oxidation-Reduction Reaction Involving Electron Transfer. 1. *Journal of Chemical Physics*, **24**, 966–978 (1956).
[6] Turro, N. J., Ramamurthy, V., Scaiano J. C. "Principles of Molecular Photochemistry, an Introduction", Chapter 7, University Science Books, California (2009).
[7] Miller, J. R., Calcaterra, L. T., Closs, G. L. Intramolecular Long-Distance Electron Transfer in Radical Anion. The Effects of Free Energy and Solvent on the Reaction Rates. *Journal of the American Chemical Society*, **106**, 3047 (1984).
[8] Fukuzumi, S., Ohkubo, K., Imahori, H. et al. Driving Force Dependence of Intermolecular Electron Transfer Reaction of Fullerenes. *Chemistry – A European Journal*, **9**, 1585 (2003).
[9] Ito, O. Photochemical and Photophysical Properties of Fullerenes and Functionalized Fullerenes: Electron-Transfer Processes Studied with Time-Resolved Spectroscopies. *in* "Fullerenes: Principle and Applications", 2nd Edition, (Langa, F., Nierengarten, J.-F., Eds.) RCS Nanoscience and Nanotechnology Series, Chapter 8, Royal Society Chemistry, London (2011).
[10] Rehm, D., Weller, A. Kinetics of Fluorescence Quenching by Electron and Hydrogen-Atom Transfer. *Israel Journal of Chemistry*, **8**, 257 (1970).
[11] Mataga, N., Asahi, T., Kakitani T. et al. The Bell-Shape Energy Gap Dependence of the Charge Recombination of Geminate Radical Ion Paris Produced by Fluorescence Quenching Reaction in Acetonitrile Solutions, *Chemical Physics*, **127**, 249 (1988).
[12] Sandanayaka, A. S. D., Araki, Y., Ito, O. et al. Photoinduced Electron-Transfer Processes of Fullerene (C_{60}) with Amine Donors: Excited Triplet Route vs. Excited Singlet Route. *Bulletin of the Chemical Society of Japan*, **77**, 1313 (2004).

[13] Kawauchi, H., Okada, K., Ito, O. *et al.* Photoinduced Charge-Separation and Charge-Recombination Processes of Fullerene［60］Dyads Covalently Connected with Phenothiazine and Its Trimer. *Journal of Physical Chemistry A*, **112**, 5878（2008）.
[14] 徳丸克己，『光化学の世界』，大日本図書（1993）.
[15] 井上晴夫，高木克彦，佐々木政子，朴 鐘震，『光化学 1，基礎化学コース』，丸善出版（2000）.
[16] Ito O., Yamanaka, K. Roles of Molecular Wires between Fullerenes and Electron Donors in Photoinduced Electron Transfer, *Bulletin of the Chemical Society of Japan*, **82**, 316（2009）.
[17] Komamine, S., Ito, O., Moriwaki, K. *et al.* Photoinduced Charge Separation and Recombination in a Novel Methanofullerene-Triarylamine Dyad Molecule. *Journal of Physical Chemistry A*, **104**, 11497（2000）.
[18] Ito, O. Photoinduced Electron Transfer between Fullerenes and Electron Donors Through Molecular Bridges, *in* "Handbook of Carbon Nano Materials"（D'Souza, F., Kadish, K. M., Eds.）, Chapter 14, World Scientific（2011）.
[19] Takata, T., Ito, O. Photoinduced Electron Transfer of Fullerene Rotaxanes. *in* "Handbook of Carbon Nano Materials",（D'Souza, F., Kadish, K. M., Eds.）, Chapter 15, World Scientific（2011）.
[20] D'Souza, F., Itou, M., Ito, O. *et al.* Energy Transfer Followed by Electron Transfer in a Supramolecular Triad Composed of Boron Dipyrrin, Zinc Porphyrin, and Fullerene: A Model for the Photosynthetic Antenna-Reaction Center Complex. *Journal of the American Chemical Society*, **126**, 7898（2004）.
[21] Ito, O. Photoinduced Electron Transfer Processes of Fullerenes, Nanotubes and Nanohorns, *Chemical Records*（Personal Account）, **17**, 326（2017）.

索 引

【欧文，略号】

A（電子受容性分子）……………………1
A（頻度因子）………………14, 42
Arrhenius（アレニウス）式………14, 41

BBA（ビスビフェニルアニリン）……97
BDP（ジフルオロジピリリンホウ素）
………………………………………108
β（減衰係数）……………………101

C_{60}（フラーレン）………………19
C_{76}（高次フラーレン）…………47
^{60}Co（コバルト60）………………32
CR（電荷再結合）……………………95
CS（電荷分離）…………92, 101, 106
CT（電荷移動）…………………5, 92

D（電子供与性分子）…………………1
d 軌道…………………………31, 52
DABCO（ジアザビシクロオクタン）…77
Dexter（デクスター）型エネルギー移動
………………………………………88
DNA……………………………………84
ΔE_{RI}（ラジカルイオンのエネルギー）
…………………………………58, 62
$\Delta G°$（標準自由エネルギー）……………4
$\Delta G^{\ddagger}$（活性化自由エネルギー）……9, 41
$\Delta H°$（エンタルピー項）……………10
$\Delta S°$（(標準)エントロピー項）………10

EA（電子親和力）……………………4
$E_{Coulomb}$（クーロンエネルギー）……11
E_{EX}（励起エネルギー）……………57

EM（電子伝達）………………………82
E_{nT}（エネルギー移動）……………87
E_{OX}（酸化電位）……………………5
E_{RED}（還元電位）……………………5
ES（電子シフト）……………………107
E_{solv}（溶媒和エネルギー）…………11
e^-_{solv}（溶媒和電子）………………31
ET（電子移動）………………………1
eV（電子ボルト）……………………4
ε_0（真空の誘電率）……………50
ε_s（溶媒の誘電率）……………51

Förster（フェルスター）型エネルギー
移動…………………………………88
Φ_{ET}（電子移動収率）………………68

γ 線……………………………33

Hammett（ハメット）則………………16
Hammond（ハモンド）仮説……………16
HOMO（最高被占軌道）………………2
HS（空孔（ホール）シフト）………107

IE（イオン化エネルギー）……………4
ISC（項間交差）………………33, 59, 78

k_{Diff}（拡散速度定数）………………13
Koopman（クープマン）の定理………4
K_{SV}（Stern-Volmer（ステルン-フォルマー）
定数）……………………………66

Le Chatelier（ルシャトリエ）の原理
………………………………………23
LUMO（最低空軌道）…………………2
λ_{inner}（内部再配向エネルギー）………40

索引

λ_{outer}（外部再配向エネルギー） ………40
λ_{total}（全再配向エネルギー） …………40

Marcus（マーカス）理論 …37, 48, 66, 99
MeTHF（メチルテトラヒドロフラン） …………………………………32, 44
MO（分子軌道） ………………………2
MP（金属ポルフィリン） ……………72
MPc（金属フタロシアニン） …………72

n（屈折率） ……………………………51
NBO（非結合軌道） …………………28

$O_2^{\bullet-}$（スーパーオキシアニオン） ……84

PAH（多環芳香族炭化水素） ……30, 47
•Ph（フェニルラジカル） ……………26
$PhC^{\bullet}H_2$（ベンジルラジカル） ………24
$PhCH_2X$（ハロゲン化ベンジル） ……24
PhX（ハロゲン化ベンゼン） …………26
PTZ（フェノチアジン） ………………81

R（気体定数） ………………………14
R_{D-A}（中心間距離） ……………50, 101
Rehm-Wellerの関係 ……………65, 70
RH（水素供与体） ……………………25
$[Ru(bpy)_3]^{2+}$ ……………………84, 87
RV^{2+}（アルキルビオロゲンジカチオン） ……………………………………81
$RV^{\bullet+}$（アルキルビオロゲンラジカルカチオン） ………………………………81

$S_1 \to S_n$吸収帯 …………………66, 76
Sens（光増感剤） …………………85, 108
solv（溶媒和） …………………………5
SOMO（半占軌道） …………………27
sp（スペーサー） ……………………43
Stern-Volmer（ステルン-フォルマー）プロット ……………………66, 76

σ-ラジカル ……………………………26
$T_1 \to T_n$吸収 ……………………66, 91
TCNQ（テトラシアノキノジメタン） …………………………………7, 18
TDAE（テトラキス(ジメチルアミノ)エチレン） ……………………………19
TEOA（トリエタノールアミン） ……81
TMPD（テトラメチル-p-フェニレンジアミン） …………………………18
TTF（テトラチアフルバレン） ………7
τ_F（蛍光寿命） ………………………66

V（電子カップリング） …………40, 45
van't Hoff（ファント・ホッフ）式 ……14

ZnP（亜鉛ポルフィリン） …………100

【ア行】

亜鉛ポルフィリン ……………………100
アセトニトリル ………………………71
アニオン …………………………28, 84
アルカリ金属 …………………………29
アルキルビオロゲンジカチオン ……81
アルキルビオロゲンラジカルカチオン …………………………………81
アレニウス式 …………………………14, 41

イオン化エネルギー …………………4
異性化反応 ……………………………26
一次速度式 ……………………………43
一重項状態 ……………………………32
一重項ラジカルイオン対 …………32, 63

エキシプレックス ……………………93
$S_1 \to S_n$吸収帯 …………………66, 76
エネルギー移動 ………………………87
塩化ブチル ……………………………33

索引　*123*

遠距離エネルギー移動 ……………89
エンタルピー項 ……………………10
エントロピー項 ……………………10

オリゴアセチレン ………………102
オリゴシラン ……………………102
オリゴチオフェン ………………102
オリゴチオフェンビニレン ……104
オリゴビニレン …………………102
オリゴフェニレンアセチレン …102
オリゴマー ……………………92, 94
オレフィン ……………………26, 85

【カ行】

外圏型電子移動 ……………………51
外部再配向エネルギー ……………40
解離的電子捕捉過程 ………………24
可逆過程 ……………………………10
拡散衝突 ……………………………12
拡散速度定数 …………………13, 15
拡散律速 ……………………………13
可視光領域 …………………………75
カスケード現象 …………………108
仮想的電子シフト …………………39
カチオン ……………………………29
活性化自由エネルギー …………9, 41
カテナン …………………………104
過渡吸収 …………61, 68, 71, 77, 109
カルボアニオン ……………………26
カルボカチオン ……………………26
還元電位 ……………………………5
官能基 ………………………………48
γ 線 …………………………………33

擬 1 次反応 …………………………79
犠牲的電子供与剤 …………………81
気体定数 ……………………………14

キノン ………………………………74
キノンラジカルアニオン …………74
逆電子移動 ………………3, 12, 16
逆転領域 ………………………43, 62, 71
吸エルゴン反応 ……………………10
吸光係数 ……………………………30
吸収スペクトル ………………18, 30, 59
吸熱反応 ……………………………10
共鳴型エネルギー移動 ……………88
共役型連結分子 ……………………93
共役 π 結合 ……………………………92
極性官能基 …………………………48
極性溶媒 ………………………5, 57
禁制遷移 ……………………………90
近赤外領域 ……………………19, 72, 74
金属錯イオン ………………31, 51, 84
金属フタロシアニン ………………72
金属ポルフィリン …………………72

空孔 (ホール) シフト ………37, 107
屈折率 ………………………………51
クープマンの定理 …………………4
クロロフィル …………………72, 90
クーロンエネルギー ………………11

蛍光寿命 ……………………………66
蛍光消光 ………………………66, 69, 75
蛍光スペクトル ……………………74
減衰係数 …………………………101
減衰速度 ………………15, 22, 43, 64

項間交差 …………………………59, 79
光合成 ……………………72, 81, 89, 110
光合成細菌 …………………………73
高次フラーレン ……………………46
高次励起状態 ………………………59
後続電子伝達 ………………………81

索引

後続反応 ················22, 62, 81
コバルト 60 ·······················32

【サ行】

最高被占軌道 ·····················2
最低空軌道 ·······················2
最低励起エネルギー ···········59
最低励起状態 ···················59
酸化電位 ···························5
三元系連結分子 ···············101
三重項のラジカルイオン対 ······32, 63
酸素活性種 ·······················84

ジアザビシクロオクタン ···········77
ジアニオン ························30
紫外領域 ·························17
時間分解蛍光スペクトル ········109
時間分解分光測定 ·······24, 65, 76
σ-ラジカル ·······················26
ジチオナイト塩（$Na_2S_2O_4$）·······30
ジヒドロピリジン ··················87
ジフルオロジピリリンホウ素 ········108
順反応 ·························12, 80
真空誘電率（ε_0）··········50
人工光合成システム ············110
迅速混合法 ··················15, 24
振動の力定数 ····················51

水素供与体 ·······················25
水素発生 ···················73, 81, 83
水素付加反応 ····················87
垂直ジャンプ ·····················38
ステルン-フォルマープロット ·····66, 76
ステロイド骨格 ··············43, 45
スーパーオキシアニオン ·········84
スピン多重度 ··················32, 62
スペーサー ·······················43

正常領域 ·······················43, 50
生体内電子移動 ··················55
静的蛍光消光 ····················76
静的誘電率 ·······················51
接触ラジカルイオン対（$(D^{\bullet+}, A^{\bullet-})$）
······························10, 71
遷移状態 ··················40, 41, 54
全再配向エネルギー ·············40
双極子 ························10, 39
双極子-双極子型エネルギー移動 ·····89
速度定数 ···················1, 12, 41
速度論 ·····························13

【タ行】

対数関数の減衰 ··················14
太陽電池 ·······················55, 111
多環芳香族炭化水素 ··········29, 47
多重構造 ·························110
脱プロトン ························27
短時間吸収測定装置 ············31
炭素ラジカル ····················26
断熱的遷移状態 ···············40, 55

チオフェン ······················102
置換基効果 ·······················16
中心間距離 ··················50, 101
超強酸 ·····························31
長距離電子伝達 ················102
超交換機構 ·······················47
超発エルゴン ·····················42
超微細構造 ··················18, 33
超分子 ···························110
調和振動子モデル ···············51
直線自由エネルギー関係 ········16

低温剛性溶媒 ····················32

索引

d軌道 ……………………………31, 52
定常状態近似法 ……………………13
定常スペクトル ……………………81
$T_1 \to T_n$ 吸収 ……………………66, 91
デクスター型エネルギー移動 …………88
テトラシアノキノジメタン …………7, 18
テトラキス(ジメチルアミノ)エチレン
………………………………………19
テトラチアフルバレン ………………7
テトラメチル-p-フェニレンジアミン
………………………………………18
電解質 ………………………………29
電荷移動 …………………………5, 92
電荷再結合 …………………………95
電荷分離 ……………92, 95, 101, 106
電極反応 ………………………5, 8, 53
電子移動 ……………………………1
電子移動収率 ………………………68
電子移動理論 ………………………55
電子カップリング ………………40, 45
電子求引 ……………………………3
電子供与性分子 …………………1, 12, 27
電子交換型エネルギー移動 …………88
電子交換反応 …………………38, 43
電子シフト ……………………37, 107
電子ジャンプ ………………………96
電子受容性分子 ……………………1
電子親和力 …………………………4
電子スピン …………………………2, 32
電子スピン共鳴 …………………18, 33
電子遷移 ………………………6, 17, 100
電子伝達 ……………………………82
電子ボルト …………………………5

同位体 ………………………………38
等エネルギー反応 …………15, 38, 43, 65

動的蛍光消光 ………………………76
導電性 ………………………………92
トリエタノールアミン ………………81
トンネル効果 …………………45, 46

【ナ行】

内圏型電子移動 ……………………51
内部再配向エネルギー ……………40
ナフチル基 …………………………44

二元連結分子 ………………………97
二光子過程 …………………………74
二量化反応 …………………………26

【ハ行】

配位結合 ……………………………109
発エルゴン反応 …………10, 15, 43, 65
白金クラスター ……………………81
発光過程 ……………………………64
発熱反応 ……………………………10
ハメット則 …………………………16
ハモンド仮説 ………………………16
パルス状レーザー光 ……………20, 76
パルス電子線照射 …………………32
パルスラジオリシス ……………25, 43
ハロゲン化ベンジル ………………24
ハロゲン化ベンゼン ………………25
ハロゲン系溶媒 ……………………33
半占軌道 ……………………………27

ビオロゲンジカチオン ……………72, 81
ビオロゲンラジカルカチオン ……72, 81
光イオン化 …………………………72
光触媒 ………………………………81
光遷移 ………………………………52
光増感剤 …………………………85, 108
光変換効率 …………………………108

光誘起電子移動 ……………50, 57, 71, 100
光励起 ……………………………20, 57
非結合軌道 ……………………………28
ビスビフェニルアニリン ……………97
非断熱的遷移状態 …………………40, 54
ビフェニル ……………………………44
標準自由エネルギー …………………4
頻度因子 ……………………………14, 42

不安定中間種 …………………………68
ファント・ホッフ式 …………………14
フェニルラジカル ……………………26
フェノチアジン ………………………81
フェルスター型エネルギー移動 ……88
不可逆過程 ……………………………10
付加生成物 ……………………………85
フラーレン ……………………………19
フリーラジカルイオン ………………8
プロトン移動 …………………………85
プロトン化 …………………………26, 87
分子軌道 ………………………………2
分子内エキシプレックス ……………94
分子内電荷移動 ………………………92

閉殻構造 ……………………………1, 28
平衡濃度 ……………………………12, 20
平衡反応 …………………1, 13, 19, 84
ベル形曲線 ……………45, 50, 71, 99
ベンジルラジカル ……………………24
ベンゾキノン ………………………44, 48
ベンゾフェノン ………………………77

芳香族アミン類 ………………………71
芳香族シアノ化合物 …………………71
放射線 …………………………25, 31, 48
放物線の開口度 ……………………41, 49
ポテンシャル曲線 …………5, 40, 60

ホール交換反応 ………………………38
ホール(空孔)シフト ……………37, 107

【マ行】

マーカス理論 ………37, 48, 66, 99
無輻射過程 ……………………………64
メチルテトラヒドロフラン ………32, 44
モル吸光係数 …………………………79
モレキュラーマシン ………………106

【ヤ行】

有機超伝導体 ………………………18, 20
誘電率 (ε) ………………………50
溶媒の粘性 ……………………………45
溶媒の誘電率 …………………………51
溶媒分離ラジカルイオン対
 (D$^{\bullet+}$(S)A$^{\bullet-}$) ………………………11
溶媒和 …………………5, 11, 39, 69
溶媒和エネルギー ……………………11
溶媒和電子 ……………………………31

【ラ行】

ラジカルアニオン …………………1, 24
ラジカルイオン対 ……………………6
ラジカルイオンのエネルギー ……58, 62
ラジカルカチオン ……………………1
ラジカルカップリング ………………84
ラジカル捕捉剤 ………………………71
りん光 …………………………………60
ルシャトリエの原理 …………………23
励起一重項状態 ……………………32, 59
励起エネルギー ………………………57

励起エネルギー移動 …………………86	連結分子 …………………43, 55, 91, 100
励起三重項エネルギー移動 ………60, 90	連鎖移動剤 …………………………26
励起三重項状態 ………………………59	連続誘電体モデル …………………11, 50
励起状態 ………………20, 57, 62, 76, 93	
レーザーフラッシュフォトリシス ……24	ロタキサン …………………………104

〔著者紹介〕

伊藤　攻（いとう　おさむ）
1973年　東北大学大学院理学研究科博士課程修了
現　在　東北大学（多元物質科学研究所）名誉教授
専　門　ラジカル化学・光化学・ナノカーボン電子移動

化学の要点シリーズ　5　*Essentials in Chemistry 5*
電子移動　*Electron Transfer*

2013年2月15日	初版1刷発行
2018年9月10日	初版2刷発行

著　者　伊藤　攻
編　集　日本化学会　©2013
発行者　南條光章
発行所　**共立出版株式会社**
　　　　［URL］　http://www.kyoritsu-pub.co.jp/
　　　　〒112-0006 東京都文京区小日向4-6-19　電話 03-3947-2511（代表）
　　　　FAX 03-3947-2539（販売）　FAX 03-3944-8182（編集）
　　　　振替口座　00110-2-57035
印　刷　藤原印刷
製　本　協栄製本　　　　　　　　　　　　　　　　　printed in Japan

検印廃止
NDC　431, 431.3
ISBN 978-4-320-04410-4

一般社団法人
自然科学書協会
会員

JCOPY ＜出版者著作権管理機構委託出版物＞
本書の無断複製は著作権法上での例外を除き禁じられています．複製される場合は，そのつど事前に，出版者著作権管理機構（TEL：03-3513-6969，FAX：03-3513-6979，e-mail：info@jcopy.or.jp）の許諾を得てください．

化学の要点シリーズ

日本化学会 編／全50巻刊行予定

❶ **酸化還元反応**
佐藤一彦・北村雅人著……本体1700円

❷ **メタセシス反応**
森 美和子著……本体1500円

❸ **グリーンケミストリー**
社会と化学の良い関係のために
御園生 誠著……本体1700円

❹ **レーザーと化学**
中島信昭・八ッ橋知幸著……本体1500円

❺ **電子移動**
伊藤 攻著……本体1500円

❻ **有機金属化学**
垣内史敏著……本体1700円

❼ **ナノ粒子**
春田正毅著……本体1500円

❽ **有機系光記録材料の化学**
色素化学と光ディスク
前田修一著……本体1500円

❾ **電 池**
金村聖志著……本体1500円

❿ **有機機器分析**
構造解析の達人を目指して
村田道雄著……本体1500円

⓫ **層状化合物**
高木克彦・高木慎介著……本体1500円

⓬ **固体表面の濡れ性**
超親水性から超撥水性まで
中島 章著……本体1700円

⓭ **化学にとっての遺伝子操作**
永島賢治・嶋田敬三著……本体1700円

⓮ **ダイヤモンド電極**
栄長泰明著……本体1700円

⓯ **無機化合物の構造を決める**
X線回析の原理を理解する
井本英夫著……本体1900円

⓰ **金属界面の基礎と計測**
魚崎浩平・近藤敏啓著……本体1900円

⓱ **フラーレンの化学**
赤阪 健・山田道夫・前田 優・永瀬 茂著
……本体1900円

⓲ **基礎から学ぶケミカルバイオロジー**
上村大輔・袖岡幹子・阿部孝宏・闐闐孝介
中村和彦・宮本憲二著……本体1700円

⓳ **液 晶**
基礎から最新の科学とディスプレイテクノロジーまで
竹添秀男・宮地弘一著……本体1700円

⓴ **電子スピン共鳴分光法**
大庭裕範・山内清語著……本体1900円

㉑ **エネルギー変換型光触媒**
久富隆史・久保田 純・堂免一成著
……本体1700円

㉒ **固体触媒**
内藤周弌著……本体1900円

㉓ **超分子化学**
木原伸浩著……本体1900円

㉔ **フッ素化合物の分解と環境化学**
堀 久男著……本体1900円

㉕ **生化学の論理** 物理化学の視点
八木達彦・遠藤斗志也・神田大輔著
……本体1900円

㉖ **天然有機分子の構築** 全合成の魅力
中川昌子・有澤光弘著……本体1900円

㉗ **アルケンの合成**
どのように立体制御するか
安藤香織著……2018年10月発売予定

【各巻：B6判・並製・94～224頁】 **共立出版**
※税別本体価格※
（価格は変更される場合がございます）